GENERAL RELATIVITY

狄拉克讲
广义相对论

[英] P. A. M. 狄拉克 著

朱培豫 译 万 维 张建东 审校

人民邮电出版社
北 京

图书在版编目（CIP）数据

狄拉克讲广义相对论 ／ （英）P. A. M. 狄拉克著 ； 朱
培豫译. -- 北京 ： 人民邮电出版社，2023.7
ISBN 978-7-115-61766-8

Ⅰ．①狄… Ⅱ．①P… ②朱… Ⅲ．①广义相对论—研
究 Ⅳ．①O412.1

中国国家版本馆CIP数据核字（2023）第086367号

内 容 提 要

本书阐述广义相对论的基本内容，全书共 35 章，其中前 14 章和第 20、21 章阐述张量分析和黎曼几何的基本概念，为阐述广义相对论的基本原理做准备；其余各章阐述广义相对论的基本原理及其应用。本书物理概念清楚，数学推导简明，适用于广义相对论初学者。

本书可供高等院校物理、数学、天文系师生参考，也可供理论工作者和有关科技人员参考。

◆ 著　　　　[英] P. A. M. 狄拉克
　　译　　　　朱培豫
　　审　　校　　万　维　张建东
　　责任编辑　　赵　轩
　　责任印制　　胡　南

◆ 人民邮电出版社出版发行　　北京市丰台区成寿寺路11号
　　邮编　100164　电子邮件　315@ptpress.com.cn
　　网址　https://www.ptpress.com.cn
　　三河市中晟雅豪印务有限公司印刷

◆ 开本：700×1000　1/16
　　印张：7　　　　　　　　　　2023 年 7 月第 1 版
　　字数：105千字　　　　　　　2023 年 7 月河北第 1 次印刷
　　著作权合同登记号　图字：01-2022-5752号

定价：69.80元
读者服务热线：(010)84084456-6009　印装质量热线：(010)81055316
反盗版热线：(010)81055315
广告经营许可证：京东市监广登字 20170147 号

版 权 声 明

序言（一）

英国物理学家狄拉克是 20 世纪仅逊于爱因斯坦的最伟大的物理学家之一，与杨振宁、朗道一样，都对物理学的研究方向产生了深远的影响。

狄拉克把辐射场量子化的工作，开创了二次量子化的先河，为量子场论的建立指明了方向。他提出的相对论性量子力学方程——狄拉克方程——描述了自旋为 1/2 的粒子的量子行为，解释了电子自旋和磁矩。

他提出的狄拉克真空的思想，对真空做了全新的理解，打开了研究反物质的大门，开创了认识基本粒子和物理真空的新阶段。

他用反对称波函数描述全同粒子的工作，推动了费米–狄拉克统计的创建。

狄拉克对物理学的大小贡献不胜枚举，其中还包括对数学的贡献，例如路径积分、狄拉克符号（左矢与右矢）、反对易的 q 数，以及德尔塔函数，等等。

狄拉克从 1971 年起担任美国佛罗里达大学的教授，这本简洁的小书就是由他在该校讲授广义相对论的讲稿集结编纂而成。

由于引力场量子化的工作到目前为止尚未成功，描述引力相互作用的广义相对论和大多数物理工作者熟悉的描述其他三种相互作用（强、弱和电磁）的量子场论还分属两个不同的领域。

考虑到上述情况，为了便于学习，他的这个广义相对论讲座起点比较低，其中的数学和物理知识自给自足，这对于初学广义相对论的物理、数学、天文各专业的大学生和研究生，以及原来不熟悉广义相对论的其他研究方向的专家来说，都是一本不可多得的入门读物。

爱因斯坦创建广义相对论到今天已经过去了 100 年,这一理论在应用方面取得了丰硕的成果,例如黑洞物理学和物理宇宙学的创建、引力波的间接和直接发现,等等,先后获得了诺贝尔物理奖的认可。然而,就广义相对论理论体系本身而言,却没有发生质的改变。所以,狄拉克教授 50 多年前的这一讲座今天仍然具有生命力,本书仍然是一本入门广义相对论的优秀读物。

广义相对论是一门深奥难懂的理论。狄拉克教授简明而清晰的讲述,为初学者降低了理解的难度;朱培豫教授准确而流畅的翻译,也为中国读者减少了学习的困难。

朱培豫教授在 60 年前还翻译过另一本简洁的广义相对论入门读物,即坦盖里尼教授所著的《广义相对论导论》。当时笔者正在中国科学技术大学读本科,偶然在学校的书亭里发现并购买了这本书。大三那年的暑假,我以这本书为主要读物,同时参考其他书籍,苦苦钻研了一个暑假的广义相对论。由于周围无人可问,我未能基本掌握这一理论,但却对广义相对论有了一个大概的了解,并与这门学科建立了剪不断的情缘,并最终指引我在改革开放后追随刘辽先生进入了广义相对论的研究天地。

赵峥

中国物理学会引力与相对论天体物理分会前理事长

序言（二）

"广义相对论"的提出已经超过 100 年了，在这百年中，物理学家和天文学家对广义相对论的理解不断加深，很多全新的处理方法，特别是在宇宙学方面的应用，取得了巨大的进展。

当年爱因斯坦理论预言光的传播在大质量附近弯曲已经被观测证实，引力波也被 LIGO 等合作组直接测量证实，特别是人类发现宇宙不仅在膨胀，而且是在加速膨胀，极大地挑战了我们对引力理论、时空结构的认知。

为了保持宇宙在理论上的稳定，爱因斯坦引入了导致微弱斥力的宇宙学常数 Λ，然而在得知哈勃发现宇宙在膨胀后，爱因斯坦深感遗憾。但是由于宇宙在加速膨胀，原则上就需要存在一个斥力（也许是对的），今天，ΛCDM 已经成为宇宙学中的"标准模型"。

由于爱因斯坦方程是高度非线性的微分方程，至今只有史瓦西解（也包括了很多近似）是普遍接受的解析解；广义相对论确认奇点的存在；黑洞是否如我们理解的那样；霍金预言奇点问题由于量子力学的引入而可以软化，而且霍金辐射有可能导致量子理论和引力理论统一……广义相对论带来的繁多问题甚至超过科学家的想象，但同时，在认识自然界的道路上，广义相对论给人类带来的机遇也是非常巨大的，这就是为什么我们期望年轻人学习和研究广义相对论。

在牛顿时代，尽管万有引力公式开辟了一个天文学宇宙学的新纪元，成功地解释了当时所有疑难问题，但是从现代物理的角度看，它的缺陷是无法弥补的。牛顿的引力 $\vec{F} = -G_N m_1 m_2 / r^2 \left(\dfrac{\vec{r}}{r} \right)$（负号对应引力）是所谓的"超距"表达式，也就是说，

当 m_1 的位置稍微移动，$\bar{r}$ 就会相应地改变，它们之间的作用力就改变了，完全不需要时间。这和相对论不符，因为自然界存在最大的速度——真空中的光速，作用的传递无法超越它。并且，由于"力"这个概念不够"科学"，因此在现代物理中代之以"相互作用"，而相互作用的传递是需要时间的。

麦克斯韦将"场"的概念引入物理，使得电磁场理论彻底改变了这个含混不清的局面。麦克斯韦将库仑定律的积分形式通过高斯定理写成微分形式 $\nabla \cdot \bar{E} = \rho / \varepsilon_0$，这实际上是天翻地覆的改变，也就是电荷会影响它的紧邻（无穷小的范围），然后通过同一个方程，受影响的小区域再影响它的邻域，这样电荷的影响就传递出去了。在物理图像上，我们"看到"的是电荷 ρ 在周围建立了一个"电场"。"场"是改变了电磁性质的时空，从而在这个时空中的带电物质可以和 ρ 通过场相互作用。

回到引力理论。当我们抛弃"力"这个不合时宜的概念时，一个质量 M 怎么影响周围的时空？对照电磁场，我们当然可以说它在周围建立起了"引力场"，这个图像和麦克斯韦的电磁场类似，当然也可以将它应用到各个方向。但是爱因斯坦建立了一个新的图像，M 在周围改变了时空的性质，这个性质的改变使周围的时空变得"弯曲"了。也就是说相互作用体现在几何上。物体在时空中的运动不会像在平直空间那样，而是沿弯曲时空运动。有一个恰当描述（维尔切克），物体"一直走，别拐弯"。在平直空间一直走就是一条直线，而在弯曲时空，从直角坐标系看，就是弯曲的轨迹了。霍金的描述是这样的：正如我们的地球是三维空间的二维球面（弯曲的），一个飞机在山区上空沿直线飞行，但在下面崎岖的山峦上的投影就是弯弯曲曲的了。

狭义相对论将时间和空间作为一个整体来讨论，洛伦兹变换取代了伽利略变换，原来的 $t = t'$ 的陈旧时空变换被抛弃了。但是狭义相对论仅限于惯性柱坐标系间的变换，为了处理有加速度的参考系中的力学问题，必须引入一个并不合理的"惯性力"。尽管对低速运动的过程是很方便的处理方式（如傅科摆），但从根本上看，这是不自洽的。要真正解决这个问题，就要求助于广义相对论了。

除此之外，当我们用引力公式计算行星轨道向心力时，$\dfrac{G_N Mm}{r^2} = \dfrac{mv^2}{r}$，两边消掉 m，得到 $v^2 = \dfrac{G_N M}{r}$。这是我们熟悉的公式，但仔细分析就会看到，等式左边的 m 是引力质量，右边的 m 是惯性质量，它们的来源不同，怎么能消掉？为此，爱因斯坦想象出一部电梯，当它自由下落时受到的重力作用是 mg，但如果将它放在真空中，有一个巨人以大力向上提升这个电梯，引起的加速度等于 g，那么引入的惯性力就是 mg（方向向下），这和自由下落的电梯受力一样。假如这个电梯是遮盖好的，电梯中的观察者怎么分辨是在自由下落还是被加速向上提升？因而爱因斯坦提出了一个重要的等效原则：惯性质量必须严格等于引力质量。

为了将"引力"和场的概念融合，在大质量附近，质量诱导出的不是我们熟悉的"力"，而是弯曲的时空（注意是时空，不是仅仅空间）。也就是所谓电磁场对应的效应是时空性质的改变。由于时空是弯曲的，那么矢量平移的观念就要改变。原来平坦时空中任何矢量可以平行于自身而移动，但如果底流形不是平直的，在一个时空点定义的矢量不能按原来的方式"平行"移动到邻域一个时空点，因为基底改变了。为了合理地定义矢量平移，原有的对时空的微商就要修正为"协变"微商，也就是增加一个仿射联络项。事实上，在量子规范场论中的 $F^{\mu\nu}$ 也要相应改变。这是微分几何理论中最基本的概念。

接受了在大质量邻域时空弯曲的概念后，我们就知道物体从一个时空点到下一个时空点是沿弯曲时空行进的，这个轨迹线就是最短路程线，也称测地线。

根据微分几何理论，爱因斯坦使用了里奇张量，继而他"猜测"，最基本的方程，也就是在只有引力场导致的时空在没有任何外场和物质的情况下，应该是 $R_{\mu\nu} = 0$，推广一下就得到 $R_{\mu\nu} - \dfrac{1}{2} g_{\mu\nu} R = 0$（这和变分要求有关，请见书中相关章节）。那么您很自然地就要问，场中有了物质应该怎么处理，于是这个方程就继续推广成

$$R^{\mu\nu} - \frac{1}{2} g^{\mu\nu} R = -8\pi Y^{\mu\nu},$$

右边是物质。这个方程和我们熟悉的牛顿力学方程有着根本的区别。在牛顿力学中，时空是独立于动力学的，但在广义相对论中，右边的项告诉我们时空怎么由于物质的存在而改变（重新安排），而左边的项告诉我们物质如何移动，因而这是一个自洽的方程，比我们熟悉的动力学方程要复杂得多（知道等式的一边，计算另一边中相应的量）。要求解，一般来说必须做一些近似，这在近代宇宙学研究中已经做得很多了。

广义相对论不仅解决了牛顿引力理论中困扰物理学家的问题，提出符合自然规律的理论框架，得到与天文观测一致的计算结果，更重要的是在观念（对时空的理解）上的彻底革命。时空不再是孤立存在，而是和物质（场）一起变化的框架。这在杨振宁-米尔斯理论中有类似的结果，是近代理论物理的基础。

本书作者狄拉克是伟大的理论物理学家，他对量子力学的贡献是名垂史册的。他建立了相对论量子力学，从而确认正电子的存在，并且后来被安德森在宇宙线中发现了。狄拉克的文章被杨振宁先生誉为"秋水文章不染尘"，每一篇工作都是传世之作。1915 年，爱因斯坦建立了广义相对论，但当时真正能懂广义相对论的物理学家实在太少了，大概只有狄拉克、泡利、史瓦西等极少数人才能理解。

直到今天，尽管有不少理论物理学家理解了这个美妙的理论，并且应用它取得了很多成果，但对刚刚入门的年轻学生和教师而言，广义相对论仍然不是很容易理解和掌握的。

这本书详细介绍了微分几何相关的基础知识以及爱因斯坦理论的物理图像和思想，因而仍有很好的启发意义。我们希望有志在天文学和宇宙发方面做工作的学生读一读本书，一定会有收获的。

李学潜

中国物理学会高能物理分会原常务理事

前　言

爱因斯坦广义相对论需要用弯曲空间来描述物理世界. 如果我们希望不限于对物理关系作肤浅的讨论，就必须建立一些精确的方程来处理弯曲空间. 有一种成熟但相当复杂的数学技巧能够做到这一点，任何读者想要了解爱因斯坦的理论，就必须掌握这种数学技巧.

本书是根据作者在佛罗里达州立大学物理系所作的连续演讲而写成的，其目的在于以直接、简明的方式提供必不可少的材料. 除了狭义相对论的基本概念和场函数的微分处理外，读者无须具备更深的知识. 本书将使读者能够克服了解广义相对论时所遇到的主要障碍，而且使花费的时间和精力尽可能地少一些，并使读者能够进一步深入研究自己感兴趣的专门领域.

P. A. M. 狄拉克

1975 年 2 月

目　　录

第1章　狭义相对论

物理学的时空，需要有四个坐标：时间 t 和三个空间坐标 x, y, z. 令

$$t = x^0, \; x = x^1, \; y = x^2, \; z = x^3,$$

于是这四个坐标可以写成 x^μ，这里附标 μ 取 0, 1, 2, 3 四个值. 附标写在上方，是为了使相对论的所有普遍方程中的附标保持"均衡". 均衡的精确含义你稍后就会明白.

我们再取一点，它接近于原先考虑的点 x^μ，令其坐标为 $x^\mu + \mathrm{d}x^\mu$. 构成位移的四个量 $\mathrm{d}x^\mu$ 可以视为一个矢量的四个分量. 狭义相对论定律允许我们作出坐标的线性非齐次变换，这些变换导致 $\mathrm{d}x^\mu$ 的线性齐次变换. 如果我们适当选择距离和时间的单位，使得光速等于 1，那么由 $\mathrm{d}x^\mu$ 的这些线性齐次变换，便使得

$$(\mathrm{d}x^0)^2 - (\mathrm{d}x^1)^2 - (\mathrm{d}x^2)^2 - (\mathrm{d}x^3)^2 \tag{1.1}$$

为不变量.

在坐标变换下按照与 $\mathrm{d}x^\mu$ 同样方式变换的四个量 A^μ 组成的任一集合构成一个**逆变矢量**. 可以把不变量

$$(A^0)^2 - (A^1)^2 - (A^2)^2 - (A^3)^2 = (A, A) \tag{1.2}$$

叫作矢量长度平方. 设有另一逆变矢量 B^μ，则有内积不变量：

$$A^0 B^0 - A^1 B^1 - A^2 B^2 - A^3 B^3 = (A, B). \tag{1.3}$$

为了得到这些不变量的简便写法，我们引进降低附标的方法. 定义

$$A_0 = A^0, \ A_1 = -A^1, \ A_2 = -A^2, \ A_3 = -A^3. \tag{1.4}$$

那么(1.2)左边的表达式可以写作 $A_\mu A^\mu$，这里应该将其理解为对 μ 的所有四个值求和. 用同样的记号，我们可以把(1.3)写为 $A_\mu B^\mu$ 或 $A^\mu B_\mu$.

(1.4)引入的四个量 A_μ 也可看作一个矢量的四个分量. 由于正、负号的差别，A_μ 在坐标变换下的变换规律和 A^μ 的稍有不同，这种矢量叫作**协变矢量**.

由两个逆变矢量 A^μ 和 B^μ，可以构成十六个量 $A^\mu B^\nu$. 与本书中出现的所有希腊附标一样，附标 ν 也取 0, 1, 2, 3 四个值. 这十六个量构成一个二秩张量的十六个分量，有时把它叫作矢量 A^μ 和 B^μ 的外积，以区别于内积(1.3).

$A^\mu B^\nu$ 是一个较为特殊的张量，这是因为其分量之间有特殊的关系. 但是，我们可以把用这种方法构成的几个张量加起来，得到一般的二秩张量，比方说，

$$T^{\mu\nu} = A^\mu B^\nu + A'^\mu B'^\nu + A''^\mu B''^\nu + \cdots. \tag{1.5}$$

一般张量的主要性质是：在坐标变换下，其分量变换的方式和量 $A^\mu B^\nu$ 的相同.

我们可以采用对(1.5)右边每一项降低附标的方法来降低 $T^{\mu\nu}$ 中的一个附标，这样就可构成 $T_\mu{}^\nu$ 或 $T^\mu{}_\nu$. 我们可以把两个附标一起降低而得到 $T_{\mu\nu}$.

在 $T_\mu{}^\nu$ 中，我们可以令 $\nu = \mu$ 从而得到 $T_\mu{}^\mu$. 这里要对 μ 的所有四个值求和. 一附标在某项中出现两次，总是意味着对此附标求和，于是 $T_\mu{}^\mu$ 是一个标量，等于 $T^\mu{}_\mu$.

我们可以继续采用这一方法，把两个以上的矢量相乘. 注意，它们的附标全都不同. 用这种方法，可以构成更高秩的张量. 如果矢量全是逆变的，我们得到一个张量，其附标全在上方. 然后我们可以降低任一个附标从而得到一般张量，它有任意个上标和任意个下标.

　　我们可以令一个下标等于一个上标，于是我们必须对这个附标的所有值求和. 这个附标就变为傀标. 得到的张量就比原来的张量少了两个有效附标. 这种方法叫作**缩并**. 因此，如果我们要把四秩张量 $T^{\mu}{}_{\nu\rho}{}^{\sigma}$ 缩并，可以令 $\sigma = \rho$ ，它给出二秩张量 $T^{\mu}{}_{\nu\rho}{}^{\rho}$ ，只有十六个分量，这是由 μ 和 ν 的四个值产生的. 我们可以再一次缩并而得到标量 $T^{\mu}{}_{\mu\rho}{}^{\rho}$ ，它仅有一个分量.

　　至此，我们就能体会到附标均衡的含义. 一个方程中出现的任一有效附标，在该方程的每一项中只出现一次，不是在上方，就是在下方. 一个附标在一项中出现两次，即为一个傀标，而且它必须在上方和下方各出现一次. 可以用该项中未曾出现过的其他希腊字母取代之. 于是，$T^{\mu}{}_{\nu\rho}{}^{\rho} = T^{\mu}{}_{\nu\alpha}{}^{\alpha}$. 一个附标在一项中绝不可出现两次以上.

第2章 斜 轴

在表述广义相对论以前，为方便起见，让我们先考虑一种中间表述方式——斜交直线轴表述的狭义相对论.

如果我们变换到斜轴，(1.1)中 $\mathrm{d}x^\mu$ 的每一个分量变为新的 $\mathrm{d}x^\mu$ 的线性函数，而其二次式(1.1)就变为新的 $\mathrm{d}x^\mu$ 的一般二次式. 我们可以把它写成

$$g_{\mu\nu}\mathrm{d}x^\mu\mathrm{d}x^\nu, \tag{2.1}$$

式中理解为对 μ 和 ν 的所有值求和. (2.1)中出现的系数 $g_{\mu\nu}$ 依赖于斜轴系. 当然，由于 $g_{\mu\nu}$ 和 $g_{\nu\mu}$ 的差别在二次式(2.1)中不体现，我们可取 $g_{\mu\nu}=g_{\nu\mu}$，因而得到十个独立系数 $g_{\mu\nu}$.

一般的逆变矢量有四个分量 A^μ，它在任何斜轴变换下会像 $\mathrm{d}x^\mu$ 一样变换. 于是，

$$g_{\mu\nu}A^\mu A^\nu$$

是不变量，它是矢量 A^μ 的长度平方.

设 B^μ 是另一逆变矢量，则当 λ 为任意数值时，$A^\mu+\lambda B^\mu$ 仍是逆变矢量，其长度平方为

$$g_{\mu\nu}(A^\mu+\lambda B^\mu)(A^\nu+\lambda B^\nu)=g_{\mu\nu}A^\mu A^\nu+\lambda(g_{\mu\nu}A^\mu B^\nu+g_{\mu\nu}A^\nu B^\mu)+\lambda^2 g_{\mu\nu}B^\mu B^\nu.$$

对一切 λ 值来说，上式必为一不变量. 由此得出，与 λ 无关的一项以及 λ 与 λ^2 的系数，必定分别为不变量. λ 的系数为

$$g_{\mu\nu}A^{\mu}B^{\nu} + g_{\mu\nu}A^{\nu}B^{\mu} = 2g_{\mu\nu}A^{\mu}B^{\nu},$$

这是由于在上式左边第二项中可以交换 μ 和 ν，再利用 $g_{\mu\nu} = g_{\nu\mu}$. 这样，我们发现 $g_{\mu\nu}A^{\mu}B^{\nu}$ 为一不变量. 它是 A^{μ} 和 B^{μ} 的内积.

令 g 为 $g_{\mu\nu}$ 的行列式，它必定不等于零，否则这四个轴不会提供时空的四个独立方向，从而不适于作为坐标轴. 就前一章的正交轴来说，$g_{\mu\nu}$ 的对角元素为 1，-1，-1，-1，非对角元素为 0，于是 $g = -1$. 对斜轴来说，g 必须仍为负值，因为斜轴可以由正交轴通过一种连续程序得到，这种程序导致 g 连续变化，而且 g 不能通过零值.

有一个下标的协变矢量 A_{μ} 定义为

$$A_{\mu} = g_{\mu\nu}A^{\nu}. \tag{2.2}$$

因行列式 g 不等于 0，通过这些方程可以由 A_{μ} 求出 A^{ν} 的解. 令其结果为

$$A^{\nu} = g^{\mu\nu}A_{\mu}. \tag{2.3}$$

每个 $g^{\mu\nu}$ 等于 $g_{\mu\nu}$ 行列式中对应元素 $g_{\mu\nu}$ 的代数余子式除以行列式本身. 由此得出 $g^{\mu\nu} = g^{\nu\mu}$.

让我们把 (2.2) 中的 A^{ν} 代以 (2.3) 所给出的值. 为使同一项中不含有三个 μ 附标，我们必须用其他希腊字母，比方说 ρ，代替 (2.3) 中的傀标 μ. 由此我们得到

$$A_{\mu} = g_{\mu\nu}g^{\nu\rho}A_{\rho}.$$

因为这个方程必须对任何四个量 A_{μ} 成立，我们可以推知

$$g_{\mu\nu}g^{\nu\rho} = g_{\mu}^{\rho}, \tag{2.4}$$

其中

$$g_\mu^\rho = \begin{cases} 1, & \text{当 } \mu = \rho \text{ 时,} \\ 0, & \text{当 } \mu \neq \rho \text{ 时.} \end{cases} \tag{2.5}$$

(2.2)可以用来降低张量中出现的任一上标. 同样, (2.3)可以用来升高任一下标. 如果把一个附标降低后又再升高, 则因(2.4)和(2.5), 其结果等于原来那个张量. 请注意: g_μ^ρ 起的作用正好是以 ρ 取代 μ,

$$g_\mu^\rho A^\mu = A^\rho,$$

或以 μ 取代 ρ,

$$g_\mu^\rho A_\rho = A_\mu.$$

当我们把升高附标规则应用到 $g_{\mu\nu}$ 中的 μ 时, 就得到

$$g_\nu^\alpha = g^{\alpha\mu} g_{\mu\nu}.$$

若我们考虑, 由于 $g_{\mu\nu}$ 的对称性, 可以在 g_ν^α 中写出两个附标, 其中一个在另一个之上, 则上式与(2.4)一致. 而且我们可以用同一规则升高附标 ν, 从而得到

$$g^{\alpha\beta} = g^{\nu\beta} g_\nu^\alpha,$$

此结果可直接由(2.5)得出. 升高和降低附标的规则适用于 $g_{\mu\nu}$, g_ν^μ, $g^{\mu\nu}$ 的一切附标.

第 3 章　曲线坐标

我们现在转入讨论曲线坐标系，也就是在空间一点上的那些量. 这些量相对于该点上的轴可以具有各种分量. 如果有一个量在空间一切点上具有相同的性质，这个量就变成了一个场量.

如果取这样的一个量 Q（若它有几个分量的话，或取其一个分量），我们把它对四个坐标中的任何一个取微分，把结果写为

$$\frac{\partial Q}{\partial x^{\mu}} = Q_{,\mu}.$$

下标前面加上一个逗号，总是用来表示上面这样的导数. 我们把附标 μ 写在下面，是为了和左边分母的上标 μ 相均衡. 注意从点 x^{μ} 移动到邻点 $x^{\mu} + \delta x^{\mu}$ 时，Q 的变化为

$$\delta Q = Q_{,\mu} \delta x^{\mu}, \tag{3.1}$$

由此看到附标是均衡的.

我们将会遇到空间一点上的矢量和张量，它们相对于该点上的轴有各种分量. 当我们改变坐标系时，取决于该点上轴的变化，诸分量将按照和上一章相同的规则变换. 正如前述，我们将有 $g_{\mu\nu}$ 和 $g^{\mu\nu}$ 用来降低和升高附标，然而，**它们不再是常量**. 由于它们是逐点改变的，因此它们是场量.

接着，让我们来研究坐标系进行一种特殊变换所导致的结果. 取新曲线坐标 x'^{μ}，每一个 x'^{μ} 都是四个 x^{μ} 的函数. 我们可以把 x'^{μ} 写成 $x^{\mu'}$，撇号加在附标上而不加在主要符号上，这样更方便计算.

令 x^{μ} 作微小改变，我们便得到了四个量 δx^{μ}，它们构成了一个逆变矢量的四个分量. 对新的轴来说，这个矢量有下列分量：

$$\delta x^{\mu'} = \frac{\partial x^{\mu'}}{\partial x^{\nu}} \delta x^{\nu} = x^{\mu'}_{,\nu} \delta x^{\nu},$$

这里使用了(3.1)的记号. 上式给出了任一逆变矢量 A^{ν} 的变换规则，即

$$A^{\mu'} = x^{\mu'}_{,\nu} A^{\nu}. \tag{3.2}$$

交换两个轴系，并改变附标，得到

$$A^{\lambda} = x^{\lambda}_{,\mu'} A^{\mu'}. \tag{3.3}$$

由偏微分规则可知，

$$\frac{\partial x^{\lambda}}{\partial x^{\mu'}} \frac{\partial x^{\mu'}}{\partial x^{\nu}} = g^{\lambda}_{\nu},$$

这里用了(2.5)的记号. 于是得到

$$x^{\lambda}_{,\mu'} x^{\mu'}_{,\nu} = g^{\lambda}_{\nu}. \tag{3.4}$$

这样我们就能看出(3.2)和(3.3)这两个方程是一致的，因为如果把(3.2)代入(3.3)的右边，就得到

$$x^{\lambda}_{,\mu'} x^{\mu'}_{,\nu} A^{\nu} = g^{\lambda}_{\nu} A^{\nu} = A^{\lambda}.$$

为了知道协变矢量 B_{μ} 是如何变换的，我们要利用 $A^{\mu} B_{\mu}$ 为不变量这一条件，于是借助(3.3)，得到

$$A^{\mu'} B_{\mu'} = A^{\lambda} B_{\lambda} = x^{\lambda}_{,\mu'} A^{\mu'} B_{\lambda}.$$

上式必须对四个 $A^{\mu'}$ 的一切值成立，因此，我们可以令 $A^{\mu'}$ 的系数相等而得

$$B_{\mu'} = x^{\lambda}_{,\mu'} B_{\lambda} . \tag{3.5}$$

现在，我们就能用(3.2)和(3.5)来对含有任意个上标和下标的任何张量实施变换. 我们只需对每个上标运用像 $x^{\mu'}_{,\nu}$ 那样的系数，对每个下标运用像 $x^{\lambda}_{,\mu'}$ 那样的系数，并令所有附标均衡，例如

$$T^{\alpha'\beta'}_{\quad \gamma'} = x^{\alpha'}_{,\lambda} x^{\beta'}_{,\mu} x^{\nu}_{,\gamma'} T^{\lambda\mu}_{\quad \nu} . \tag{3.6}$$

按这条规则变换的任一量都是张量. 这可以当作张量的定义.

应该注意，一个张量对其两个附标（比如 λ 和 μ ）是对称或反对称的，才有意义，因为这种对称性质在坐标变换下保持不变.

(3.4)可以写成

$$x^{\lambda}_{,\alpha'} x^{\beta'}_{,\nu} g^{\alpha'}_{\beta'} = g^{\lambda}_{\nu} .$$

这正好证明 g^{λ}_{ν} 为一张量. 对任意两个矢量 A^{μ} 和 B^{ν} ，我们也有

$$g_{\alpha'\beta'} A^{\alpha'} B^{\beta'} = g_{\mu\nu} A^{\mu} B^{\nu} = g_{\mu\nu} x^{\mu}_{,\alpha'} x^{\nu}_{,\beta'} A^{\alpha'} B^{\beta'} .$$

因为上式对 $A^{\alpha'}$ 和 $B^{\beta'}$ 的一切值成立，故我们能推知

$$g_{\alpha'\beta'} = g_{\mu\nu} x^{\mu}_{,\alpha'} x^{\nu}_{,\beta'} . \tag{3.7}$$

上式表明 $g_{\mu\nu}$ 为一张量. 同理，$g^{\mu\nu}$ 也为一张量，它们称为**基本张量**.

如果 S 为任一标量场量，可以把它看作四个 x^{μ} 的函数或四个 $x^{\mu'}$ 的函数. 由偏微分规则得到

$$S_{,\mu'} = S_{,\lambda} x^{\lambda}_{,\mu'} .$$

因此，$S_{,\lambda}$ 的变换类似于(3.5)的 B_{λ} ，于是**标量场的导数是一协变矢量场**.

第 4 章 非 张 量

我们可能遇到一种量 $N^{\mu}{}_{\nu\rho..}$ ，它有着不同的上标和下标，但不是张量. 如果它是张量，则在坐标变换下必须按(3.6)表示的规则进行变换. 按任何别的规则变换的则是非张量. 张量有下述性质：如果其全部分量在某一坐标系中等于零，则在一切坐标系中均等于零. 非张量可以不具备这一性质.

对于非张量，我们可以用与张量相同的规则来升高或降低其附标，例如，

$$g^{\alpha\nu}N^{\mu}{}_{\nu\rho} = N^{\mu\alpha}{}_{\rho}.$$

这些规则的一致性与不同坐标系间的变换规则完全无关，同样，我们可以令一上标与一下标相等而把非张量缩并.

在同一方程中，张量和非张量可以一起出现，附标均衡规则同样适用于张量和非张量.

商定理：设 $P_{\lambda\mu\nu}$ 满足下列条件，即对于任一矢量 A^{λ} ，$A^{\lambda}P_{\lambda\mu\nu}$ 为一张量，于是 $P_{\lambda\mu\nu}$ 为一张量.

为了证明这一定理，我们写为 $A^{\lambda}P_{\lambda\mu\nu} = Q_{\mu\nu}$. 已知它为一张量，故有

$$Q_{\beta\gamma} = Q_{\mu'\nu'}x^{\mu'}{}_{,\beta}x^{\nu'}{}_{,\gamma},$$

于是

$$A^{\alpha}P_{\alpha\beta\gamma} = A^{\lambda'}P_{\lambda'\mu'\nu'}x^{\mu'}{}_{,\beta}x^{\nu'}{}_{,\gamma}.$$

因为 A^λ 为一矢量，由(3.2)知

$$A^{\lambda'} = A^\alpha x^{\lambda'}_{,\alpha},$$

所以

$$A^\alpha P_{\alpha\beta\gamma} = A^\alpha x^{\lambda'}_{,\alpha} P_{\lambda'\mu'\nu'} x^{\mu'}_{,\beta} x^{\nu'}_{,\gamma}.$$

此方程必须对 A^α 的一切值成立，故

$$P_{\alpha\beta\gamma} = P_{\lambda'\mu'\nu'} x^{\lambda'}_{,\alpha} x^{\mu'}_{,\beta} x^{\nu'}_{,\gamma},$$

这就证明了 $P_{\alpha\beta\gamma}$ 为一张量.

如果用有任意个附标的量代替 $P_{\lambda\beta\nu}$，该定理也成立. 如果其中某些附标是上标，该定理仍然成立.

第 5 章　弯曲空间

我们可以很容易地把二维弯曲空间想象为三维欧几里得空间中的一个曲面. 同样，我们可以把四维弯曲空间浸没于更高维的平坦空间之中. 这样的弯曲空间叫作黎曼空间. 黎曼空间中的微小区域是近似平坦的.

爱因斯坦假定物理空间具有这种性质，由此奠定了他的引力论的基础.

为了处理弯曲空间，不能引进直线坐标系，而必须采用曲线坐标，如第 3 章中所讨论的. 那一章的全部公式都适用于弯曲空间，因为所有方程都是局部方程，不受弯曲的影响.

点 x^μ 和邻点 $x^\mu + \mathrm{d}x^\mu$ 的不变距离 $\mathrm{d}s$ 由下式给出：

$$\mathrm{d}s^2 = g_{\mu\nu}\mathrm{d}x^\mu\mathrm{d}x^\nu,$$

和(2.1)一样. 对于类时间隔，$\mathrm{d}s$ 是实数；对于类空间隔，$\mathrm{d}s$ 是虚数.

就曲线坐标网来说，$g_{\mu\nu}$ 作为坐标的函数，确定了全部距离元，所以 $g_{\mu\nu}$ 也确定度规，它们确定坐标系和空间的弯曲。

第6章　平行位移

设在点 P 有一矢量 A^μ. 正如我们考虑三维欧几里得空间中二维弯曲空间这个实例所容易理解的那样，如果空间是弯曲的，我们就不能给出在不同点 Q 上的平行矢量的含义. 然而，如果我们取点 P' 接近于 P，并把从 P 到 P' 的距离考虑为一级小量，则在二级小量误差范围内，P' 有一平行矢量. 这样，我们就能给出矢量 A^μ 保持其自身平行和长度不变而从 P 移动到 P' 时位移的意义.

通过平行位移这一方法，我们就能沿一条路线把矢量连续地移位. 取 P 到 Q 的一条路线，在点 Q 最终得到的矢量，对这条路线来说是平行于点 P 的原矢量的. 但是，不同的路线给出不同的结果. 点 Q 的平行矢量没有绝对意义. 如果我们绕一闭合回路用平行位移方法移动点 P 的矢量，最后在点 P 所得的矢量通常具有不同方向.

假定我们的四维物理空间浸没于更高维（比方说 N 维）的平坦空间中，我们可以得到矢量平行位移方程. 在这 N 维空间中，我们引进直线坐标 $z^n (n=1,2,\cdots,N)$. 这些坐标无须是正交的，只需是直线的. 在两相邻点之间有一个不变距离 $\mathrm{d}s$，由下式给出：

$$\mathrm{d}s^2 = h_{nm}\mathrm{d}z^n\mathrm{d}z^m, \tag{6.1}$$

对 $n,m=1,2,\cdots,N$ 求和. 不同于 $g_{\mu\nu}$，h_{nm} 是常数，我们可以用它们来降低 N 维空间的附标，于是

$$\mathrm{d}z_n = h_{nm}\mathrm{d}z^m.$$

物理空间构成 N 维平空间中的一个四维"曲面". 曲面上每一点 x^μ 决定 N 维空间中的一个定点 y^n. 每个坐标 y^n 为四个 x 的函数, 例如 $y^n(x)$. 曲面方程将由 N 个 $y^n(x)$ 消去 x 而给出, 这些方程共有 $N-4$ 个.

将 $y^n(x)$ 对参数 x^μ 取微分, 得

$$\frac{\partial y^n(x)}{\partial x^\mu} = y^n{}_{,\mu}.$$

对于曲面上相差 δx^μ 的两邻点, 有

$$\delta y^n = y^n{}_{,\mu} \delta x^\mu. \tag{6.2}$$

由(6.1)可知, 这两点距离的平方为

$$\delta s^2 = h_{nm} \delta y^n \delta y^m = h_{nm} y^n{}_{,\mu} y^m{}_{,\nu} \delta x^\mu \delta x^\nu.$$

因为 h_{nm} 是常数, 所以上式可以写成

$$\delta s^2 = y^n{}_{,\mu} y_{n,\nu} \delta x^\mu \delta x^\nu.$$

我们还有

$$\delta s^2 = g_{\mu\nu} \delta x^\mu \delta x^\nu,$$

因此

$$g_{\mu\nu} = y^n{}_{,\mu} y_{n,\nu}. \tag{6.3}$$

在物理空间的 x 点上取一逆变矢量 A^μ, 其分量与(6.2)的 δx^μ 类似. 它们将给出 N 维空间的一逆变矢量 A^n, 后者与(6.2)的 δy^n 类似. 于是

$$A^n = y^n{}_{,\mu} A^\mu. \tag{6.4}$$

当然，这个矢量是位于曲面内的.

现在把矢量 A^n 保持与其自身平行（当然，这就意味着保持其分量不变），而移位到曲面内一邻点 $x + \mathrm{d}x$. 由于曲面曲率的存在，在新的点，该矢量不再位于曲面内. 但是，我们可以把它投影到曲面上，以得到一个位于曲面内的确定矢量.

投影法在于把矢量分解为切向部分和法向部分，并去掉法向部分. 于是

$$A^n = A^n_{\ \tan} + A^n_{\ \text{nor}}. \tag{6.5}$$

现在，如果 K^μ 表示相对于曲面内 x 坐标系而言的 $A^n_{\ \tan}$ 部分，则与(6.4)相应，我们有

$$A^n_{\ \tan} = K^\mu y^n_{\ ,\mu}(x + \mathrm{d}x), \tag{6.6}$$

其中系数 $y^n_{\ ,\mu}$ 是在新点 $x + \mathrm{d}x$ 上取得的.

我们定义 $A^n_{\ \text{nor}}$ 正交于点 $x + \mathrm{d}x$ 的每个切向矢量，因而不管什么 K^μ，它正交于与(6.6)右边类似的每个矢量. 于是

$$A^n_{\ \text{nor}} y_{n,\mu}(x + \mathrm{d}x) = 0.$$

如果我们将(6.5)乘以 $y_{n,\nu}(x + \mathrm{d}x)$，就去掉了 $A^n_{\ \text{nor}}$ 项，留下

$$\begin{aligned}
A^n y_{n,\nu}(x + \mathrm{d}x) &= K^\mu y^n_{\ ,\mu}(x + \mathrm{d}x) y_{n,\nu}(x + \mathrm{d}x) \\
&= K^\mu g_{\mu\nu}(x + \mathrm{d}x).
\end{aligned}$$

这里利用了(6.3). 于是，展开至 $\mathrm{d}x$ 的一级小量有

$$\begin{aligned}
K_\nu(x + \mathrm{d}x) &= A^n \left[y_{n,\nu}(x) + y_{n,\nu,\sigma} \mathrm{d}x^\sigma \right] \\
&= A^\mu y^n_{\ ,\mu} \left[y_{n,\nu} + y_{n,\nu,\sigma} \mathrm{d}x^\sigma \right] \\
&= A_\nu + A^\mu y^n_{\ ,\mu} y_{n,\nu,\sigma} \mathrm{d}x^\sigma.
\end{aligned}$$

此 K_v 是 A_v 平行位移到点 $x + dx$ 的结果. 我们可以令

$$K_v - A_v = \mathrm{d}A_v ,$$

这样, $\mathrm{d}A_v$ 表示 A_v 在平行位移下的变化, 于是我们有

$$\mathrm{d}A_v = A^\mu y^n{}_{,\mu} y_{n,v,\sigma} \mathrm{d}x^\sigma . \tag{6.7}$$

第 7 章　克里斯托费尔符号

将(6.3)微分，因 h_{mn} 恒定，故我们可以随意升高或降低附标 n，于是得到（在两次微分时省略第二个逗号）

$$
\begin{aligned}
g_{\mu\nu,\sigma} &= y^n{}_{,\mu\sigma} y_{n,\nu} + y^n{}_{,\mu} y_{n,\nu\sigma} \\
&= y_{n,\mu\sigma} y^n{}_{,\nu} + y_{n,\nu\sigma} y^n{}_{,\mu}.
\end{aligned}
\tag{7.1}
$$

交换(7.1)中的 μ 和 σ，得

$$
g_{\sigma\nu,\mu} = y_{n,\sigma\mu} y^n{}_{,\nu} + y_{n,\nu\mu} y^n{}_{,\sigma}.
\tag{7.2}
$$

交换(7.1)中的 ν 和 σ，得

$$
g_{\mu\sigma,\nu} = y_{n,\mu\nu} y^n{}_{,\sigma} + y_{n,\sigma\nu} y^n{}_{,\mu}.
\tag{7.3}
$$

现在将(7.1)与(7.3)相加，减去(7.2)，并除以 2. 结果为

$$
\frac{1}{2}(g_{\mu\nu,\sigma} + g_{\mu\sigma,\nu} - g_{\nu\sigma,\mu}) = y_{n,\nu\sigma} y^n{}_{,\mu}.
\tag{7.4}
$$

令

$$
\Gamma_{\mu\nu\sigma} = \frac{1}{2}(g_{\mu\nu,\sigma} + g_{\mu\sigma,\nu} - g_{\nu\sigma,\mu}),
\tag{7.5}
$$

$\Gamma_{\mu\nu\sigma}$ 是个非张量，被称为第一类克里斯托费尔符号，它对最后两个附标是对称的. (7.5)的一个简单结果为

$$\Gamma_{\mu\nu\sigma} + \Gamma_{\nu\mu\sigma} = g_{\mu\nu,\sigma}. \tag{7.6}$$

我们现在看出(6.7)可以写为

$$\mathrm{d}A_\nu = A^\mu \Gamma_{\mu\nu\sigma} \mathrm{d}x^\sigma. \tag{7.7}$$

因为克里斯托费尔符号只牵涉物理空间的度规 $g_{\mu\nu}$，故与 N 维空间有关的量现在全都不见了.

我们可以推断，平行位移下矢量长度不变，因

$$\begin{aligned}
\mathrm{d}(g^{\mu\nu}A_\mu A_\nu) &= g^{\mu\nu}A_\mu \mathrm{d}A_\nu + g^{\mu\nu}A_\nu \mathrm{d}A_\mu + A_\mu A_\nu g^{\mu\nu}{}_{,\sigma}\mathrm{d}x^\sigma \\
&= A^\nu \mathrm{d}A_\nu + A^\mu \mathrm{d}A_\mu + A_\alpha A_\beta g^{\alpha\beta}{}_{,\sigma}\mathrm{d}x^\sigma \\
&= A^\nu A^\mu \Gamma_{\mu\nu\sigma}\mathrm{d}x^\sigma + A^\mu A^\nu \Gamma_{\nu\mu\sigma}\mathrm{d}x^\sigma + A_\alpha A_\beta g^{\alpha\beta}{}_{,\sigma}\mathrm{d}x^\sigma \\
&= A^\nu A^\mu g_{\mu\nu,\sigma}\mathrm{d}x^\sigma + A_\alpha A_\beta g^{\alpha\beta}{}_{,\sigma}\mathrm{d}x^\sigma.
\end{aligned} \tag{7.8}$$

现 $g^{\alpha\mu}{}_{,\sigma}g_{\mu\nu} + g^{\alpha\mu}g_{\mu\nu,\sigma} = (g^{\alpha\mu}g_{\mu\nu})_{,\sigma} = g^\alpha_{\nu,\sigma} = 0$. 乘以 $g^{\beta\nu}$，得

$$g^{\alpha\beta}{}_{,\sigma} = -g^{\alpha\mu}g^{\beta\nu}g_{\mu\nu,\sigma}. \tag{7.9}$$

这是一个有用的公式，它用 $g_{\mu\nu}$ 的导数来给出 $g^{\alpha\beta}$ 的导数. 由(7.9)我们推知

$$A_\alpha A_\beta g^{\alpha\beta}{}_{,\sigma} = -A^\mu A^\nu g_{\mu\nu,\sigma},$$

从而式(7.8)等于零. 这样就证明了矢量长度不变，特别是，零矢量（即长度为零的矢量）在平行位移下仍为零矢量.

从几何论证也可推知矢量长度的不变性. 当我们按(6.5)把矢量 A^n 分解成切向部分和法向部分，法向部分为无穷小，并正交于切向部分. 由此可见，在一级近似下，整个矢量的长度等于其切向部分.

任一矢量的长度不变性要求任意两矢量 A, B 的内积 $g^{\mu\nu}A_\mu B_\nu$ 不变. 这个要求可以从"参数 λ 取任何值时，$A + \lambda B$ 的长度不变"这一性质推知.

把克里斯托费尔符号的第一附标升高为

$$\Gamma_{\nu\sigma}^{\mu} = g^{\mu\lambda}\Gamma_{\lambda\nu\sigma},$$

常常是有用的，它被称为第二类克里斯托费尔符号．它对其两个下标是对称的．正如第 4 章所阐明的，即使对非张量，这样的升高也是完全许可的．

公式(7.7)可以改写为

$$\mathrm{d}A_\nu = \Gamma_{\nu\sigma}^{\mu} A_\mu \mathrm{d}x^\sigma . \tag{7.10}$$

这是协变分量的标准公式．当有另一矢量 B^ν 时，我们有

$$\mathrm{d}(A_\nu B^\nu) = 0$$

$$A_\nu \mathrm{d}B^\nu = -B^\nu \mathrm{d}A_\nu = -B^\nu \Gamma_{\nu\sigma}^{\mu} A_\mu \mathrm{d}x^\sigma = -B^\mu \Gamma_{\mu\sigma}^{\nu} A_\nu \mathrm{d}x^\sigma .$$

上式对任何 A_ν 都必须成立，故我们得

$$\mathrm{d}B^\nu = -\Gamma_{\mu\sigma}^{\nu} B^\mu \mathrm{d}x^\sigma . \tag{7.11}$$

这是关于逆变分量的平行位移标准公式．

第8章 测 地 线

取一个坐标为 z^μ 的点，设它沿一路线移动；我们把 z^μ 当成某参数 τ 的函数，令 $\mathrm{d}z^\mu / \mathrm{d}\tau = u^\mu$.

在此路线的每一点上有一矢量 u^μ. 假定沿此路线移动时，矢量 u^μ 按平行位移移动. 如果给定了初始点和矢量 u^μ 的初始值，则整个路线就被确定. 我们只需把初点自 z^μ 移到 $z^\mu + u^\mu \mathrm{d}\tau$，则矢量 u^μ 通过平行位移移到了此新点，接着把该点沿新的 u^μ 所定的方向移动，以此类推. 这样不但路线被确定，沿路线的参数 τ 也被确定. 按这种方法产生的路线叫作**测地线**.

如果矢量 u^μ 最初是零矢量，那么它永远都是零矢量，而其路线被称为零测地线. 如果矢量 u^μ 最初是类时矢量（即 $u^\mu u_\mu > 0$），它就永远是类时矢量，我们就有一条类时测地线. 同样，如果 u^μ 最初是类空矢量（即 $u^\mu u_\mu < 0$），它就永远是类空矢量，我们就有一条类空测地线.

令 $B^\nu = u^\nu$，$\mathrm{d}x^\sigma = \mathrm{d}z^\sigma$，利用(7.11)，我们得到测地线方程. 于是

$$\frac{\mathrm{d}u^\nu}{\mathrm{d}\tau} + \varGamma^\nu_{\mu\sigma} u^\mu \frac{\mathrm{d}z^\sigma}{\mathrm{d}\tau} = 0 \tag{8.1}$$

或

$$\frac{\mathrm{d}^2 z^\nu}{\mathrm{d}\tau^2} + \varGamma^\nu_{\mu\sigma} \frac{\mathrm{d}z^\mu}{\mathrm{d}\tau} \frac{\mathrm{d}z^\sigma}{\mathrm{d}\tau} = 0 . \tag{8.2}$$

对于类时测地线，我们可以将初始的 u^μ 乘以一因子，使其长度为 1. 这只需改变 τ 的尺度. 于是矢量 u^μ 的长度就永远等于 1. 它正好是速度矢量 $v^\mu = \mathrm{d}z^\mu / \mathrm{d}s$，而参数 τ 变成固有时 s.

方程(8.1)变为

$$\frac{\mathrm{d}v^\mu}{\mathrm{d}s} + \Gamma^\mu_{\nu\sigma} v^\mu v^\sigma = 0 \ . \tag{8.3}$$

方程(8.2)变为

$$\frac{\mathrm{d}^2 z^\mu}{\mathrm{d}s^2} + \Gamma^\mu_{\nu\sigma} \frac{\mathrm{d}z^\nu}{\mathrm{d}s} \frac{\mathrm{d}z^\sigma}{\mathrm{d}s} = 0 \ . \tag{8.4}$$

让我们作如下物理假设：不受引力以外的任何力作用的一个质点，其世界线是一条类时测地线. 这个假设代替了牛顿第一运动定律，方程(8.4)决定加速度，给出运动方程.

我们还作如下假设：光走的路线是零测地线，这条零测地线由沿路线的某参数 τ 的方程(8.2)确定. 因为 $\mathrm{d}s$ 等于零，所以此时不能用固有时 s.

第 9 章　测地线的稳定性

测地线若不是零测地线，则具有如下性质：沿端点为 P, Q 的一般路线取积分 $\int \mathrm{d}s$，如果令端点固定而使其路线作微小变动，则 $\int \mathrm{d}s$ 是稳定的.

设此路线上坐标为 z^μ 的各点作微小移动，以使其坐标变为 $z^\mu + \delta z^\mu$. 如果 $\mathrm{d}z^\mu$ 表示路线的线元，

$$\mathrm{d}s^2 = g_{\mu\nu} \mathrm{d}z^\mu \mathrm{d}z^\nu.$$

则

$$\begin{aligned} 2\mathrm{d}s\delta(\mathrm{d}s) &= \mathrm{d}z^\mu \mathrm{d}z^\nu \delta g_{\mu\nu} + g_{\mu\nu} \mathrm{d}z^\mu \delta \mathrm{d}z^\nu + g_{\mu\nu} \mathrm{d}z^\nu \delta \mathrm{d}z^\mu \\ &= \mathrm{d}z^\mu \mathrm{d}z^\nu g_{\mu\nu,\lambda} \delta z^\lambda + 2 g_{\mu\lambda} \mathrm{d}z^\mu \delta \mathrm{d}z^\lambda. \end{aligned}$$

现

$$\delta \mathrm{d}z^\lambda = \mathrm{d}\delta z^\lambda,$$

借助 $\mathrm{d}z^\mu = v^\mu \mathrm{d}s$，于是

$$\delta(\mathrm{d}s) = \left(\frac{1}{2} g_{\mu\nu,\lambda} v^\mu v^\nu \delta z^\lambda + g_{\mu\lambda} v^\mu \frac{\mathrm{d}\delta z^\lambda}{\mathrm{d}s} \right) \mathrm{d}s.$$

因此

$$\delta \int \mathrm{d}s = \int \delta(\mathrm{d}s) = \int \left[\frac{1}{2} g_{\mu\nu,\lambda} v^\mu v^\nu \delta z^\lambda + g_{\mu\lambda} v^\mu \frac{\mathrm{d}\delta z^\lambda}{\mathrm{d}s} \right] \mathrm{d}s.$$

通过分部积分，利用端点 P, Q 上 $\delta z^\lambda = 0$ 这一条件，得

$$\delta \int \mathrm{d}s = \int \left[\frac{1}{2} g_{\mu\nu,\lambda} v^{\mu} v^{\nu} - \frac{\mathrm{d}}{\mathrm{d}s}(g_{\mu\lambda} v^{\mu}) \right] \delta z^{\lambda} \mathrm{d}s . \qquad (9.1)$$

对任意的 δz^{λ} 上式等于零的条件是

$$\frac{\mathrm{d}}{\mathrm{d}s}(g_{\mu\lambda} v^{\mu}) - \frac{1}{2} g_{\mu\nu,\lambda} v^{\mu} v^{\lambda} = 0 . \qquad (9.2)$$

现在

$$\frac{\mathrm{d}}{\mathrm{d}s}(g_{\mu\lambda} v^{\mu}) = g_{\mu\lambda} \frac{\mathrm{d}v^{\mu}}{\mathrm{d}s} + g_{\mu\lambda,\nu} v^{\mu} v^{\nu}$$
$$= g_{\mu\lambda} \frac{\mathrm{d}v^{\mu}}{\mathrm{d}s} + \frac{1}{2}(g_{\lambda\mu,\nu} + g_{\lambda\nu,\mu}) v^{\mu} v^{\nu} ,$$

于是条件 (9.2) 就变为

$$g_{\mu\lambda} \frac{\mathrm{d}v^{\mu}}{\mathrm{d}s} + \varGamma_{\lambda\mu\nu} v^{\mu} v^{\nu} = 0 .$$

上式乘以 $g^{\lambda\sigma}$，变为

$$\frac{\mathrm{d}v^{\sigma}}{\mathrm{d}s} + \varGamma^{\sigma}_{\mu\nu} v^{\mu} v^{\nu} = 0 ,$$

这刚好是测地线的条件 (8.3).

　　上面的推导表明：对测地线来说，(9.1) 等于零，因而 $\int \mathrm{d}s$ 是稳定的. 反之，如果假定 $\int \mathrm{d}s$ 是稳定的，我们可推断其积分路线是一测地线. 于是，除零测地线的情况外，我们可以用稳定条件作为测地线的定义.

第 10 章　协变微分法

令 S 为一标量场. 正如在第 3 章中所介绍, S 的导数 $S_{,\nu}$ 是一协变矢量. 现在令 A_μ 为一矢量场, 那么 A_μ 的导数 $A_{\mu,\nu}$ 是张量吗?

我们必须考查在坐标变换下 $A_{\mu,\nu}$ 是如何变换的. 用第 3 章的记号, 像方程(3.5)那样, A_μ 变换成

$$A_{\mu'} = A_\rho x^\rho{}_{,\mu'},$$

因而

$$
\begin{aligned}
A_{\mu',\nu'} &= (A_\rho x^\rho{}_{,\mu'})_{,\nu'} \\
&= A_{\rho,\sigma} x^\sigma{}_{,\nu'} x^\rho{}_{,\mu'} + A_\rho x^\rho{}_{,\mu'\nu'}.
\end{aligned}
$$

如果我们要得到正确的张量变换法则, 上式最后一项不应该出现. 由此可见, $A_{\mu',\nu'}$ 为非张量.

但是, 我们可以改变微分的方法, 以便得到张量. 让我们在点 x 处取矢量 A_μ, 通过平行位移把它移到 $x+\mathrm{d}x$. 它仍然是一个矢量. 我们可以把它从点 $x+\mathrm{d}x$ 的矢量 A_μ 中减去, 其差仍将是一个矢量. 在一级近似下, 其差为

$$A_\mu(x+\mathrm{d}x) - [A_\mu(x) + \Gamma^\alpha_{\mu\nu} A_\alpha \mathrm{d}x^\nu] = (A_{\mu,\nu} - \Gamma^\alpha_{\mu\nu} A_\alpha)\mathrm{d}x^\nu.$$

对于任何矢量 $\mathrm{d}x^\nu$, 上面这个量均为矢量. 因此, 由第 4 章的商定理, 系数

$$A_{\mu,\nu} - \Gamma^\alpha_{\mu\nu} A_\alpha$$

为一张量. 我们可以很容易地直接验证: 在坐标变换下, 此系数的确按张量而变换.

我们把它称为 A_μ 的协变导数，写为

$$A_{\mu:\nu} = A_{\mu,\nu} - \Gamma^\alpha_{\mu\nu} A_\alpha. \tag{10.1}$$

下标前的符号 ":" 总是表示协变导数，正如用逗号表示普通导数那样.

令 B_ν 为另一矢量. 我们规定外积 $A_\mu B_\nu$ 具有以下协变导数：

$$(A_\mu B_\nu)_{:\sigma} = A_{\mu:\sigma} B_\nu + A_\mu B_{\nu:\sigma}. \tag{10.2}$$

显然它是一个含三个附标的张量，它具有以下值：

$$\begin{aligned} (A_\mu B_\nu)_{:\sigma} &= (A_{\mu,\sigma} - \Gamma^\alpha_{\mu\sigma} A_\alpha) B_\nu + A_\mu (B_{\nu,\sigma} - \Gamma^\alpha_{\nu\sigma} B_\alpha) \\ &= (A_\mu B_\nu)_{,\sigma} - \Gamma^\alpha_{\mu\sigma} A_\alpha B_\nu - \Gamma^\alpha_{\nu\sigma} A_\mu B_\alpha. \end{aligned}$$

令 $T_{\mu\nu}$ 为一个含两个附标的张量，它可表示为像 $A_\mu B_\nu$ 那样的数项之和，则其协变导数为

$$T_{\mu\nu:\sigma} = T_{\mu\nu,\sigma} - \Gamma^\alpha_{\mu\sigma} T_{\alpha\nu} - \Gamma^\alpha_{\nu\sigma} T_{\mu\alpha}. \tag{10.3}$$

该规则可以推广到含任意个下标的张量 $Y_{\mu\nu\cdots}$ 的协变导数：

$$Y_{\mu\nu\cdots:\sigma} = Y_{\mu\nu\cdots,\sigma} - 每个附标的 \Gamma 项. \tag{10.4}$$

在这些 Γ 项中，我们必须使附标均衡，由此就可以确定附标所放的位置.

标量情况包括在普遍公式(10.4)中，其中 Y 的附标个数等于零.

$$Y_{:\sigma} = Y_{,\sigma}. \tag{10.5}$$

让我们把(10.3)应用到基本张量 $g_{\mu\nu}$. 由(7.6)得

$$g_{\mu\nu:\sigma} = g_{\mu\nu,\sigma} - \Gamma^\alpha_{\mu\sigma} g_{\alpha\nu} - \Gamma^\alpha_{\nu\sigma} g_{\mu\alpha} = g_{\mu\nu,\sigma} - \Gamma_{\nu\mu\sigma} - \Gamma_{\mu\nu\sigma} = 0. \tag{10.6}$$

因此，$g_{\mu\nu}$ 在协变微分下可视为常数.

公式(10.2)是用来求乘积微分的常用规则. 我们假定这条常用规则对两矢量的内积的协变导数也有效. 于是

$$(A^\mu B_\mu)_{:\sigma} = A^\mu_{\ :\sigma} B_\mu + A^\mu B_{\mu:\sigma} \, .$$

按(10.5)和(10.1)，我们得

$$(A^\mu B_\mu)_{,\sigma} = A^\mu_{\ :\sigma} B_\mu + A^\mu (B_{\mu,\sigma} - \Gamma^\alpha_{\mu\sigma} B_\alpha) \, .$$

因而

$$A^\mu_{\ ,\sigma} B_\mu = A^\mu_{\ :\sigma} B_\mu - A^\alpha \Gamma^\mu_{\alpha\sigma} B_\mu \, .$$

因为上式对任何 B_μ 都成立，我们得

$$A^\mu_{\ :\sigma} = A^\mu_{\ ,\sigma} + \Gamma^\mu_{\alpha\sigma} A^\alpha \, , \tag{10.7}$$

这是逆变矢量的协变导数的基本公式. 式中出现的克里斯托费尔符号跟协变矢量基本公式(l0.1)中的相同，但现在冠以"＋"号. 附标的安排完全取决于均衡的要求.

我们可以把这些公式推广到含任意个上标和下标的任何张量的协变导数. 有一个附标就出现一个 Γ 项，如果是上标，则冠以"＋"号，如果是下标，则冠以"－"号. 假如我们把张量的两附标缩并，则对应的 Γ 项就互相抵消了.

乘积的协变导数公式

$$(XY)_{:\sigma} = X_{:\sigma} Y + XY_{:\sigma} \tag{10.8}$$

是普遍成立的，其中 X, Y 为任何一类张量. 因 $g_{\mu\nu}$ 在协变微分下可视为常数，所以我们可以在协变微分前先把附标升高或降低，其结果跟我们在协变微分后把附标升高或降低是一样的.

非张量的协变导数没有意义.

　　物理学定律必须在一切坐标系中都有效，它们必须表示成张量方程. 当张量方程包含场量的导数时，此导数必定是协变导数. 物理学的场方程必须全部写成用协变导数替代普通导数. 例如，标量 V 的达朗贝尔方程 $\square V = 0$ 变为下列协变形式：

$$g^{\mu\nu} V_{:\mu:\nu} = 0 .$$

由(10.1)和(10.5)，上式给出

$$g^{\mu\nu} (V_{,\mu\nu} - \varGamma^{\alpha}_{\mu\nu} V_{,\alpha}) = 0 . \tag{10.9}$$

　　即使我们对平空间（即忽略引力场）求解，采用曲线坐标，如果要使方程在一切坐标系中成立，我们就必须用协变导数写出那些方程.

第 11 章　曲率张量

由乘积规则(10.8)看出，协变微分非常类似于普通微分. 但是普通微分有一重要性质：如果我们接连微分两次，微分次序无关紧要. 然而协变微分通常不具有这一性质.

首先让我们考虑标量场 S. 由公式(10.1)，我们有

$$
\begin{aligned}
S_{:\mu:\nu} &= S_{:\mu,\nu} - \Gamma^{\alpha}_{\mu\nu} S_{:\alpha} \\
&= S_{,\mu\nu} - \Gamma^{\alpha}_{\mu\nu} S_{,\alpha},
\end{aligned}
\tag{11.1}
$$

上式对 μ, ν 是对称的，所以在这种情况下，协变微分次序无关紧要.

现在我们来考虑矢量 A_{ν}，且对它施行两次协变微分. 由公式(10.3)，把 $A_{\nu:\rho}$ 当作 $T_{\nu\rho}$，得

$$
\begin{aligned}
A_{\nu:\rho:\sigma} &= A_{\nu:\rho,\sigma} - \Gamma^{\alpha}_{\nu\sigma} A_{\alpha:\rho} - \Gamma^{\alpha}_{\rho\sigma} A_{\nu:\alpha} \\
&= (A_{\nu,\rho} - \Gamma^{\alpha}_{\nu\rho} A_{\alpha})_{,\sigma} - \Gamma^{\alpha}_{\nu\sigma}(A_{\alpha,\rho} - \Gamma^{\beta}_{\alpha\rho} A_{\beta}) - \Gamma^{\alpha}_{\rho\sigma}(A_{\nu,\alpha} - \Gamma^{\beta}_{\nu\alpha} A_{\beta}) \\
&= A_{\nu,\rho,\sigma} - \Gamma^{\alpha}_{\nu\rho} A_{\alpha,\sigma} - \Gamma^{\alpha}_{\nu\sigma} A_{\alpha,\rho} - \Gamma^{\alpha}_{\rho\sigma} A_{\nu,\alpha} - A_{\beta}(\Gamma^{\beta}_{\nu\rho,\sigma} - \Gamma^{\alpha}_{\nu\sigma}\Gamma^{\beta}_{\alpha\rho} - \Gamma^{\alpha}_{\rho\sigma}\Gamma^{\beta}_{\nu\alpha}).
\end{aligned}
$$

交换上式中的 ρ 和 σ 后得到一个表达式，再把上式与它相减，结果为

$$
A_{\nu:\rho:\sigma} - A_{\nu:\sigma:\rho} = A_{\beta} R^{\beta}_{\nu\rho\sigma},
\tag{11.2}
$$

式中

$$
R^{\beta}_{\nu\rho\sigma} = \Gamma^{\beta}_{\nu\sigma,\rho} - \Gamma^{\beta}_{\nu\rho,\sigma} + \Gamma^{\alpha}_{\nu\sigma}\Gamma^{\beta}_{\alpha\rho} - \Gamma^{\alpha}_{\nu\rho}\Gamma^{\beta}_{\alpha\sigma}.
\tag{11.3}
$$

(11.2)左边为一张量. 由此得出(11.2)右边也为一张量. 这对任何矢量 A_β 都有效,所以,根据第 4 章的商定理,$R^\beta_{\nu\rho\sigma}$ 为一张量,称为黎曼 – 克里斯托费尔张量或曲率张量.

此张量具有以下明显性质:

$$R^\beta_{\nu\rho\sigma} = -R^\beta_{\nu\sigma\rho} . \tag{11.4}$$

又由(11.3),我们容易看出

$$R^\beta_{\nu\rho\sigma} + R^\beta_{\rho\sigma\nu} + R^\beta_{\sigma\nu\rho} = 0 . \tag{11.5}$$

我们降低附标 β,并把它当成第一附标,得

$$R_{\mu\nu\rho\sigma} = g_{\mu\beta} R^\beta_{\nu\rho\sigma} = g_{\mu\beta} \Gamma^\beta_{\nu\sigma,\rho} + \Gamma^\alpha_{\nu\sigma} \Gamma^\beta_{\mu\alpha\rho} - \langle \rho\sigma \rangle ,$$

式中记号 $\langle \rho\sigma \rangle$ 用来表示把前几项交换 ρ, σ 后而得到的那些项. 于是,由(7.6),

$$\begin{aligned} R_{\mu\nu\rho\sigma} &= \Gamma_{\mu\nu\sigma,\rho} - g_{\mu\beta,\rho} \Gamma^\beta_{\nu\sigma} + \Gamma_{\mu\beta\rho} \Gamma^\beta_{\nu\sigma} - \langle \rho\sigma \rangle \\ &= \Gamma_{\mu\nu\sigma,\rho} - \Gamma_{\beta\mu\rho} \Gamma^\beta_{\nu\sigma} - \langle \rho\sigma \rangle . \end{aligned}$$

同样由(7.5),

$$R_{\mu\nu\rho\sigma} = \frac{1}{2}(g_{\mu\sigma,\nu\rho} - g_{\nu\sigma,\mu\rho} - g_{\mu\rho,\nu\sigma} + g_{\nu\rho,\mu\sigma}) + \Gamma_{\beta\mu\sigma} \Gamma^\beta_{\nu\rho} - \Gamma_{\beta\mu\rho} \Gamma^\beta_{\nu\sigma} . \tag{11.6}$$

现在就显示出另一些对称性质,即

$$R_{\mu\nu\rho\sigma} = -R_{\nu\mu\rho\sigma} \tag{11.7}$$

和

$$R_{\mu\nu\rho\sigma} = R_{\rho\sigma\mu\nu} = R_{\sigma\rho\nu\mu} . \tag{11.8}$$

从所有这些对称性质可得出如下结果:在 $R_{\mu\nu\rho\sigma}$ 的 256 个分量中,只有 20 个是独立的.

第 12 章　空间平坦的条件

如果空间是平坦的，我们可以选取直线坐标系，于是 $g_{\mu\nu}$ 即为常数，张量 $R_{\mu\nu\rho\sigma}$ 等于零.

反之，如果 $R_{\mu\nu\rho\sigma}$ 等于零，就能够证明空间是平坦的. 我们取一矢量 A_μ，它位于点 x，通过平行位移把它移动到点 $x+\mathrm{d}x$. 然后又通过平行位移把它移动到点 $x+\delta x+\mathrm{d}x$.如果 $R_{\mu\nu\rho\sigma}$ 等于零，则其结果必定等同于我们先把它从 x 移动到 $x+\delta x$，然后再移动到 $x+\delta x+\mathrm{d}x$. 这样我们就能把此矢量移到遥远点，而所得结果与到此遥远点的路线无关. 因此，如果我们把原来在 x 的矢量 A_μ 通过平行位移移动到所有各点，那么就得到一矢量场，满足 $A_{\mu;\nu}=0$ 或

$$A_{\mu,\nu}=\Gamma_{\mu\nu}^{\sigma}A_\sigma. \tag{12.1}$$

这样的一矢量场能否是某一标量场的梯度呢？在(12.1)中令 $A_\mu=S_{,\mu}$，得

$$S_{,\mu\nu}=\Gamma_{\mu\nu}^{\sigma}S_{,\sigma}. \tag{12.2}$$

因 $\Gamma_{\mu\nu}^{\sigma}$ 对其两个下标是对称的，$S_{,\mu\nu}$ 和 $S_{,\nu\mu}$ 有相同值，方程(12.2)是可积的.

让我们取四个独立的标量，它们都满足(12.2)，并且令它们为新坐标系的四个坐标 $x^{\alpha'}$. 于是

$$x^{\alpha'}_{,\mu\nu}=\Gamma_{\mu\nu}^{\sigma}x^{\alpha'}_{,\sigma}.$$

按照变换规则(3.7)，

$$g_{\mu\lambda} = g_{\alpha'\beta'} x^{\alpha'}{}_{,\mu} x^{\beta'}{}_{,\lambda}.$$

此方程对 x^{ν} 微分，由(7.6)得

$$\begin{aligned}
g_{\mu\lambda,\nu} - g_{\alpha'\beta',\nu} x^{\alpha'}{}_{,\mu} x^{\beta'}{}_{,\lambda} &= g_{\alpha'\beta'} \left(x^{\alpha'}{}_{,\mu\nu} x^{\beta'}{}_{,\lambda} + x^{\alpha'}{}_{,\mu} x^{\beta'}{}_{,\lambda\nu} \right) \\
&= g_{\alpha'\beta'} \left(\Gamma^{\sigma}_{\mu\nu} x^{\alpha'}{}_{,\sigma} x^{\beta'}{}_{,\lambda} + x^{\alpha'}{}_{,\mu} \Gamma^{\sigma}_{\lambda\nu} x^{\beta'}{}_{,\sigma} \right) \\
&= g_{\sigma\lambda} \Gamma^{\sigma}_{\mu\nu} + g_{\mu\sigma} \Gamma^{\sigma}_{\lambda\nu} \\
&= \Gamma_{\lambda\mu\nu} + \Gamma_{\mu\lambda\nu} \\
&= g_{\mu\lambda,\nu},
\end{aligned}$$

因而

$$g_{\alpha'\beta',\nu} x^{\alpha'}{}_{,\mu} x^{\beta'}{}_{,\lambda} = 0.$$

由此可见 $g_{\alpha'\beta',\nu} = 0$. 对新坐标系来说，基本张量是常数. 这样我们就证明了空间是平坦的，可以选取直线坐标.

第 13 章　比安基关系式

为了讨论张量的二阶协变导数，先讨论张量为二矢量的外积 $A_\mu B_\tau$ 这种情况，这时我们有

$$
\begin{aligned}
(A_\mu B_\tau)_{:\rho:\sigma} &= (A_{\mu:\rho} B_\tau + A_\mu B_{\tau:\rho})_{:\sigma} \\
&= A_{\mu:\rho:\sigma} B_\tau + A_{\mu:\rho} B_{\tau:\sigma} + A_{\mu:\sigma} B_{\tau:\rho} + A_\mu B_{\tau:\rho:\sigma}.
\end{aligned}
$$

现在交换 ρ 和 σ，并相减. 由(11.2)得

$$
(A_\mu B_\tau)_{:\rho:\sigma} - (A_\mu B_\tau)_{:\sigma:\rho} = A_\alpha R^\alpha_{\mu\rho\sigma} B_\tau + A_\mu R^\alpha_{\tau\rho\sigma} B_\alpha .
$$

一个普通张量 $T_{\mu\tau}$ 可表示为 $A_\mu B_\tau$ 那样的诸项之和，故 $T_{\mu\tau}$ 必满足

$$
T_{\mu\tau:\rho:\sigma} - T_{\mu\tau:\sigma:\rho} = T_{\alpha\tau} R^\alpha_{\mu\rho\sigma} + T_{\mu\alpha} R^\alpha_{\tau\rho\sigma} . \tag{13.1}
$$

现在令 $T_{\mu\tau}$ 为矢量的协变导数 $A_{\mu:\tau}$. 我们得到

$$
A_{\mu:\tau:\rho:\sigma} - A_{\mu:\tau:\sigma:\rho} = A_{\alpha:\tau} R^\alpha_{\mu\rho\sigma} + A_{\mu:\alpha} R^\alpha_{\tau\rho\sigma} .
$$

对上式的 τ, ρ, σ 作循环置换，并把所得的三个方程相加. 左边给出

$$
\begin{aligned}
A_{\mu:\rho:\sigma:\tau} - A_{\mu:\sigma:\rho:\tau} + 循环置换 &= (A_\alpha R^\alpha_{\mu\rho\sigma})_{:\tau} + 循环置换 \\
&= A_{\alpha:\tau} R^\alpha_{\mu\rho\sigma} + A_\alpha R^\alpha_{\mu\rho\sigma:\tau} + 循环置换.
\end{aligned} \tag{13.2}
$$

右边利用(11.5)消去一些项后，剩下

$$
A_{\alpha:\tau} R^\alpha_{\mu\rho\sigma} + 循环置换 . \tag{13.3}
$$

(13.2)第一项跟(13.3)相消，剩下

$$A_\alpha R^\alpha_{\mu\rho\sigma:\tau} + 循环置换 = 0.$$

因子 A_α 出现在此方程的各项中，可以消去. 剩下

$$R^\alpha_{\mu\rho\sigma:\tau} + R^\alpha_{\mu\sigma\tau:\rho} + R^\alpha_{\mu\tau\rho:\sigma} = 0. \tag{13.4}$$

曲率张量满足这些微分方程和第 11 章的全部对称性关系式，它们称为比安基（Bianchi）关系式.

第 14 章　里奇张量

让我们缩并 $R_{\mu\nu\rho\sigma}$ 中的两个附标. 如果相对于这两个附标, 它是反对称的, 那么缩并后的结果当然就是零. 如果我们缩并任何其他两个附标, 因对称性(11.4)、(11.7)和(11.8), 除正负号外, 得到的结果将相同. 让我们缩并第一个和最后一个附标, 且令

$$R^{\mu}_{\nu\rho\mu} = R_{\nu\rho}.$$

我们称它为里奇（Ricci）张量.

(11.8)乘以 $g^{\mu\sigma}$, 得

$$R_{\nu\rho} = R_{\rho\nu}. \tag{14.1}$$

里奇张量是对称的,

我们可以再一次缩并, 缩并成

$$g^{\nu\rho}R_{\nu\rho} = R^{\nu}_{\nu} = R.$$

此 R 是个标量, 称为标量曲率或总曲率. 它按以下方式定义: 对于三维空间中的球面, R 是正的, 这能通过直接计算证明.

比安基关系式(13.4)包含五个附标. 让我们把(13.4)缩并两次, 得到只含一个非傀标的关系式. 令 $\tau = \alpha$, 并乘以 $g^{\mu\rho}$, 结果为

$$g^{\mu\rho}(R^{\alpha}_{\mu\rho\sigma:\alpha} + R^{\alpha}_{\mu\sigma\alpha:\rho} + R^{\alpha}_{\mu\alpha\rho:\sigma}) = 0$$

或

$$(g^{\mu\rho}R^{\alpha}_{\mu\rho\sigma})_{:\alpha} + (g^{\mu\rho}R^{\alpha}_{\mu\sigma\alpha})_{:\rho} + (g^{\mu\rho}R^{\alpha}_{\mu\alpha\rho})_{:\sigma} = 0 . \qquad (14.2)$$

现在

$$g^{\mu\rho}R^{\alpha}_{\mu\rho\sigma} = g^{\mu\rho}g^{\alpha\beta}R_{\beta\mu\rho\sigma} = g^{\mu\rho}g^{\alpha\beta}R_{\mu\beta\sigma\rho} = g^{\alpha\beta}R_{\beta\sigma} = R^{\alpha}_{\sigma} .$$

由于 $R_{\alpha\sigma}$ 是对称的，我们可以把一附标升高，放在另一附标之上而写成 R^{α}_{σ}. (14.2) 现在变为

$$R^{\alpha}_{\sigma:\alpha} + (g^{\mu\rho}R_{\mu\sigma})_{:\rho} - R_{:\sigma} = 0$$

或

$$2R^{\alpha}_{\sigma:\alpha} - R_{:\sigma} = 0 .$$

上式是里奇张量的比安基关系式. 若升高附标 σ，得到

$$\left(R^{\sigma\alpha} - \frac{1}{2}g^{\sigma\alpha}R \right)_{:\alpha} = 0 . \qquad (14.3)$$

由(11.3)，里奇张量的明显表达式是

$$R_{\mu\nu} = \Gamma^{\alpha}_{\mu\alpha,\nu} - \Gamma^{\alpha}_{\mu\nu,\alpha} - \Gamma^{\alpha}_{\mu\nu}\Gamma^{\beta}_{\alpha\beta} + \Gamma^{\alpha}_{\mu\beta}\Gamma^{\beta}_{\nu\alpha} . \qquad (14.4)$$

式中第一项并不表现出对 μ, ν 是对称的，虽然其他三项对 μ, ν 明显是对称的. 为了证明第一项实际上是对称的，我们只需进行一点计算.

　　为了对行列式 g 微分，我们必须对 g 的每个元素 $g_{\lambda\mu}$ 求微分并乘以其代数余子式 $gg^{\lambda\mu}$. 于是

$$g_{,\nu} = gg^{\lambda\mu}g_{\lambda\mu,\nu} . \qquad (14.5)$$

因此

$$
\begin{aligned}
\Gamma^{\mu}_{\nu\mu} &= g^{\lambda\mu}\Gamma_{\lambda\nu\mu} = \tfrac{1}{2}g^{\lambda\mu}(g_{\lambda\nu,\mu} + g_{\lambda\mu,\nu} - g_{\mu\nu,\lambda}) \\
&= \tfrac{1}{2}g^{\lambda\mu}g_{\lambda\mu,\nu} = \tfrac{1}{2}g^{-1}g_{,\nu} \\
&= \tfrac{1}{2}(\log g)_{,\nu}.
\end{aligned}
\tag{14.6}
$$

由上式显而易见，(14.4)的第一项是对称的.

第15章　爱因斯坦引力定律

到目前为止，我们的工作全都是纯数学的（只有一个物理假设，即质点的运动路线是测地线）. 这些工作大部分在 19 世纪已经完成，并已应用到任意维的弯曲空间，在这些数学形式中唯一出现维数的地方是以下方程：

$$g_\mu^\mu = 维数.$$

爱因斯坦作了如下假设：在真空中

$$R_{\mu\nu} = 0 . \tag{15.1}$$

这就构成了爱因斯坦引力定律. 这里"真空"意味着除引力场外没有物质存在，也没有物理场存在. 引力场不影响真空，别的场则影响真空. 真空的这些条件对于太阳系内的行星际空间在很好的近似下完全成立，方程(15.1)在那里是适用的.

平坦空间显然满足(15.1). 这时测地线是直线，所以质点沿直线运动. 在空间不平的地方，爱因斯坦引力定律对曲率加以限制. 与行星沿测地线运动这一假设结合起来，就能得到有关行星运动的一些知识.

乍一看，爱因斯坦引力定律与牛顿引力定律毫无相似之处. 为了看出其相似性，我们必须把 $g_{\mu\nu}$ 看作是描写引力场的**势**. 这些势有十个，而不像牛顿理论中只有一个. 它们不但描写引力场，而且描写坐标系. 在爱因斯坦理论中，引力场和坐标系不可分地联系在一起，我们不能只描写其一而不描写另一个.

把 $g_{\mu\nu}$ 看作势，我们发现(15.1)就是场方程，因为克里斯托费尔符号含有一阶导数，(14.4)含有二阶导数，所以(15.1)像物理学中通常的场方程也正在于它是二阶的．但(15.1)又是非线性的，它不像通常的场方程；不但如此，非线性意味着这些方程是复杂的，难以求出精确的解．

第16章 牛顿近似

我们来考虑静止引力场，并相对于一个静止坐标系来讨论它. 这时 $g_{\mu\nu}$ 不随时间而改变， $g_{\mu\nu,0} = 0$ ，并且我们必须有

$$g_{m0} = 0, (m = 1, 2, 3) .$$

上式导致

$$g^{m0} = 0, \ g^{00} = (g_{00})^{-1} ,$$

g^{mn} 是 g_{mn} 的逆矩阵. 像 m, n 那样的罗马附标总是取值 1, 2, 3. 我们发现 $\Gamma_{m0n} = 0$ ，因此 $\Gamma^m_{\ 0n} = 0$.

我们来考虑一质点以远小于光速的速度缓慢地运动. 这时 v^m 是一级小量. 忽略二级小量，

$$g_{00} v^{0^2} = 1 . \tag{16.1}$$

该质点将沿着一条测地线运动. 忽略二级小量，方程(8.3)给出

$$\frac{\mathrm{d}v^m}{\mathrm{d}s} = -\Gamma^m_{\ 00} v^{0^2} = -g^{mn} \Gamma_{n00} v^{0^2} = \frac{1}{2} g^{mn} g_{00,n} v^{0^2} .$$

现在，在一级近似下，

$$\frac{\mathrm{d}v^m}{\mathrm{d}s} = \frac{\mathrm{d}v^m}{\mathrm{d}x^\mu} \frac{\mathrm{d}x^\mu}{\mathrm{d}s} = \frac{\mathrm{d}v^m}{\mathrm{d}x^0} v^0 .$$

于是借助(16.1)，

$$\frac{\mathrm{d}v^m}{\mathrm{d}x^0} = \frac{1}{2}g^{mn}g_{00,n}v^0 = g^{mn}\left(g_{00}^{1/2}\right)_{,n}. \tag{16.2}$$

因为 $g_{\mu\nu}$ 与 x_0 无关，所以我们可以降低上式的附标 m 而得到

$$\frac{\mathrm{d}v_m}{\mathrm{d}x^0} = \left(g_{00}^{1/2}\right)_{,m}. \tag{16.3}$$

我们看到，该质点仿佛是在势 $g_{00}^{1/2}$ 的影响下运动的．我们没有用爱因斯坦引力定律来得到此结果．现在我们利用爱因斯坦引力定律来求出引力势可与牛顿引力势相比较的条件.

我们假设引力场是微弱的，以致空间曲率很小．那么我们可以选取坐标系，使得坐标线（每一坐标线有三个 x 为常数）的曲率很小．在这些条件下，$g_{\mu\nu}$ 近似地是常数，而且 $g_{\mu\nu,\sigma}$ 以及所有克里斯托费尔符号是很小的．如果我们把它们看成一级量，忽略二级量，由(14.4)，爱因斯坦引力定律(15.1)变为

$$\Gamma^{\alpha}_{\mu\alpha,\nu} - \Gamma^{\alpha}_{\mu\nu,\alpha} = 0.$$

将(11.6)先交换 ρ,μ 再缩并，略去二级项，就能最方便地计算上式，并且结果如下：

$$g^{\rho\sigma}\left(g_{\rho\sigma,\mu\nu} - g_{\nu\sigma,\mu\rho} - g_{\mu\rho,\nu\sigma} + g_{\mu\nu,\rho\sigma}\right) = 0. \tag{16.4}$$

今取 $\mu = \nu = 0$，并利用 $g_{\mu\nu}$ 与 x^0 无关的条件，我们得到

$$g^{mn}g_{00,mn} = 0. \tag{16.5}$$

达朗贝尔方程(10.9)在弱场近似下变为

$$g^{\mu\nu}V_{,\mu\nu} = 0.$$

在静止情况下，上式简化为拉普拉斯方程

$$g^{mn}V_{,mn} = 0 .$$

方程(16.5)告诉我们，g_{00} 满足拉普拉斯方程.

我们可以选择时间的单位，使得 g_{00} 近似地等于 1. 于是我们可以令

$$g_{00} = 1 + 2V , \qquad (16.6)$$

其中 V 是很小的. 我们得到 $g_{00}^{1/2} = 1 + V$，而 V 就变为引力势，它满足拉普拉斯方程，所以可以认为它等同于牛顿势，对位于原点的质量 m 来说，等于 $-m/r$. 为了核对这个负号，我们看到，因为 g^{mn} 的对角元素近似地等于 -1，(16.2)导出

$$加速度 = -\mathrm{grad}V .$$

由此可见，在引力场为弱场和静态场时，爱因斯坦引力定律就变为牛顿引力定律，因此爱因斯坦理论保留了牛顿理论在解释行星运动中的成功之处. 因为行星速度较之光速都是很小的，所以静态近似是很好的近似. 因为空间非常接近平坦的，故弱场近似也是很好的近似. 接下来，我们来考虑某些量的数量级.

我们知道，地球表面 $2V$ 值的数量级为 10^{-9}. 因而(16.6)给出的 g_{00} 非常接近于 1. 即使这样，它与 1 之差还是大得足以产生显著的引力效应. 取地球半径数量级为 10^9 厘米，我们求出 $g_{00,m}$ 的数量级为 10^{-18} 厘米$^{-1}$. 因而偏离平坦的程度是极其微小的. 但是，必须把这个 $g_{00,m}$ 值乘以光速平方，即 9×10^{20} （厘米/秒）^{2}，才能给出地球表面重力产生的加速度. 即使它偏离平坦的程度非常小，但是这个加速度约为 10^3 厘米/秒^2，依然是相当可观的.

第 17 章　引力红移

我们再次讨论静止引力场，并考虑一个发出单色辐射的静止原子. 光的波长相当于一定的 Δs. 因为原子是静止的，所以如第 16 章采用的，对静止坐标系而言，我们有

$$\Delta s^2 = g_{00} \Delta x^{0^2},$$

式中 Δx^0 为周期，即相对于静止坐标系的两相继波峰之间的时间.

如果光传播到另一地点，Δx^0 将保持不变. 这个 Δx^0 将不同于由当地原子发射的同一谱线的周期，后者仍为 Δs. 于是，周期依赖于光发射地点的引力势：

$$\Delta x^0 \propto g_{00}^{-1/2}.$$

谱线移动量为 $g_{00}^{-1/2}$（注：狄拉克原文用 $::$ 表示成正比，现使用 $\propto$ 这个常用符号）.

若我们用牛顿近似(16.6)，有

$$\Delta x^0 \propto 1 - V.$$

在引力场强的地方，如太阳表面，V 为负值，故在那里发射的光比地球上发射的相应光，更偏向红端移动. 这个效应其实可以用太阳光观测到，但往往被其他物理效应所掩盖，例如由发射原子运动引起的多普勒效应. 引力红移效应可以在白矮星发射的光中较为明显地观测到，白矮星物质密度很高，在其表面可产生非常强的引力势.

第18章　史瓦西解

真空的爱因斯坦方程是非线性的，因而非常复杂，难于求得它们的精确解. 然而有一种特殊情况，可以较为简单地求出它们的解，这就是静止球对称物体产生的静止球对称场.

静止条件意味着采用静止坐标系时，$g_{\mu\nu}$ 与时间 x^0 或 t 无关，同样有 $g_{0m}=0$. 空间坐标可以取球极坐标 $x^1=r$，$x^2=\theta$，$x^3=\phi$. 满足球对称的 $\mathrm{d}s^2$ 的最普遍形式为

$$\mathrm{d}s^2 = U\mathrm{d}t^2 - V\mathrm{d}r^2 - Wr^2(\mathrm{d}\theta^2 + \sin^2\theta\mathrm{d}\phi^2),$$

式中 U, V, W 只是 r 的函数. 我们可以用任何一个 r 的函数来代替 r，而不影响球对称性，因此利用这一点可以尽可能地使问题简化，最方便的是令 $W=1$. 那么 $\mathrm{d}s^2$ 表达式可写为

$$\mathrm{d}s^2 = e^{2\nu}\mathrm{d}t^2 - e^{2\lambda}\mathrm{d}r^2 - r^2\mathrm{d}\theta^2 - r^2\sin^2\theta\mathrm{d}\phi^2, \tag{18.1}$$

式中 ν, λ 只是 r 的函数. ν, λ 必须满足爱因斯坦方程.

我们可以从(18.1)得到 $g_{\mu\nu}$ 的值，即

$$g_{00}=e^{2\nu}, \ g_{11}=-e^{2\lambda}, \ g_{22}=-r^2, \ g_{33}=-r^2\sin^2\theta,$$

以及

$$g_{\mu\nu}=0, \ 当 \mu \neq \nu 时.$$

我们求得

$$g^{00} = e^{-2\nu}, \ g^{11} = -e^{-2\lambda}, \ g^{22} = -r^{-2}, \ g^{33} = -r^{-2}\sin^{-2}\theta,$$

以及

$$g^{\mu\nu} = 0 \ , \ \text{当} \ \mu \neq \nu \ \text{时}.$$

现在必须计算所有克里斯托费尔符号 $\Gamma^{\sigma}_{\mu\nu}$. 其中许多分量都等于零. 用撇号表示对 r 的微分，不等于零的克里斯托费尔符号如下：

$$
\begin{aligned}
\Gamma^1_{00} &= \nu' e^{2\nu-2\lambda}, & \Gamma^0_{10} &= \nu', \\
\Gamma^1_{11} &= \lambda', & \Gamma^2_{12} = \Gamma^3_{13} &= r^{-1}, \\
\Gamma^1_{22} &= -re^{-2\lambda}, & \Gamma^3_{23} &= \cot\theta, \\
\Gamma^1_{33} &= -r\sin^2\theta e^{-2\lambda}, & \Gamma^2_{33} &= -\sin\theta\cos\theta.
\end{aligned}
$$

把这些表达式代入(14.4). 结果为

$$R_{00} = \left(-\nu'' + \lambda'\nu' - \nu'^2 - \frac{2\nu'}{r}\right)e^{2\nu-2\lambda}, \tag{18.2}$$

$$R_{11} = \nu'' - \lambda'\nu' + \nu'^2 - \frac{2\lambda'}{r}, \tag{18.3}$$

$$R_{22} = (1 + r\nu' - r\lambda')e^{-2\lambda} - 1, \tag{18.4}$$

$$R_{33} = R_{22}\sin^2\theta,$$

$R_{\mu\nu}$ 的其他分量等于零.

爱因斯坦引力定律要求这些表达式等于零. (18.2)和(18.3)等于零，导致

$$\lambda' + \nu' = 0 \ .$$

当 r 值很大时，空间必定趋近于平坦空间，故当 $r \to \infty$ 时，λ 和 ν 都趋于零. 由此得出

$$\lambda + \nu = 0 \ .$$

(18.4)等于零给出

$$(1+2rv')e^{2v}=1$$

或

$$(re^{2v})'=1 .$$

于是

$$re^{2v}=r-2m ,$$

式中 m 为积分常数. 上式也使得(18.2)和(18.3)等于零, 现在我们得到

$$g_{00}=1-\frac{2m}{r} . \tag{18.5}$$

当 r 值很大时, 牛顿近似必须成立. 比较(18.5)和(16.6)可以看出, (18.5)中出现的积分常数 m 正好就是产生引力场的中心物体的质量.

完全解是

$$ds^2=\left(1-\frac{2m}{r}\right)dt^2-\left(1-\frac{2m}{r}\right)^{-1}dr^2-r^2d\theta^2-r^2\sin^2\theta d\phi^2 . \tag{18.6}$$

这就是史瓦西(Schwarzschild)解, 它在产生场的物体表面之外(在那里不存在物质)成立, 因而在星球表面外, 它相当精确地成立.

解(18.6)导致关于行星绕太阳运动的牛顿理论的微小修正. 只有在水星——最接近太阳的行星——的情况, 这些修正才是明显的, 它们解释了这颗行星运动对牛顿理论的偏差. 因此, 这些修正为爱因斯坦理论提供了惊人的验证.

第19章　黑　　洞

　　解(18.6)在 $r = 2m$ 处变为奇异解，因为那时 $g_{00} = 0$ 和 $g_{11} = -\infty$. 似乎 $r = 2m$ 将给出质量为 m 的物体的最小半径，然而进一步研究表明并非如此.

　　考虑一质点正在降落到中心物体，令其速度矢量为 $v^{\mu} = \mathrm{d}z^{\mu} / \mathrm{d}s$. 设该质点沿径向而降落，则 $v^2 = v^3 = 0$. 质点运动由测地线方程(8.3)确定:

$$\frac{\mathrm{d}v^0}{\mathrm{d}s} = -\Gamma_{\mu\nu}^0 v^{\mu} v^{\nu} = -g^{00} \Gamma_{0\mu\nu} v^{\mu} v^{\nu}$$

$$= -g^{00} g_{00,1} v^0 v^1 = -g^{00} \frac{\mathrm{d}g_{00}}{\mathrm{d}s} v^0.$$

现在 $g^{00} = 1 / g_{00}$，故得

$$g_{00} \frac{\mathrm{d}v^0}{\mathrm{d}s} + \frac{\mathrm{d}g_{00}}{\mathrm{d}s} v^0 = 0.$$

上式积分得

$$g_{00} v^0 = k,$$

式中 k 为常数，k 是质点开始降落处的 g_{00} 值.

　　另一方面，我们有

$$1 = g_{\mu\nu} v^{\mu} v^{\nu} = g_{00} v^{0^2} + g_{11} v^{1^2}.$$

将此方程乘以 g_{00}，并利用上一章所得的 $g_{00} g_{11} = -1$，得

$$k^2 - v^{1^2} = g_{00} = 1 - \frac{2m}{r}.$$

对于落体，$v^1 < 0$，因此有

$$v^1 = -\left(k^2 - 1 + \frac{2m}{r}\right)^{1/2}.$$

现在

$$\frac{\mathrm{d}t}{\mathrm{d}r} = \frac{v^0}{v^1} = -k\left(1 - \frac{2m}{r}\right)^{-1}\left(k^2 - 1 + \frac{2m}{r}\right)^{-1/2}.$$

我们假定，质点接近临界半径，于是 $r = 2m + \varepsilon$，其中 ε 是小量，且设 ε^2 可忽略，则

$$\frac{\mathrm{d}t}{\mathrm{d}r} = -\frac{2m}{\varepsilon} = -\frac{2m}{r - 2m}.$$

上式积分后得

$$t = -2m\log(r - 2m) + 常数.$$

于是，当 $r \to 2m$ 时，$t \to \infty$．质点到达临界半径 $r = 2m$ 的时间为无穷大．

假定质点发射某一谱线的光，被在 r 值很大处的某一观测者观测到．这条光谱线红移一个因子 $g_{00}^{-1/2} = (1 - 2m/r)^{-1/2}$．质点趋于临界半径时，这个因子变成无穷大．当质点趋于 $r = 2m$，将观测到质点上发生的一切物理过程越来越慢．

现在考虑观测者随同质点一起运行．他的时标由 $\mathrm{d}s$ 量度．现

$$\frac{\mathrm{d}s}{\mathrm{d}r} = \frac{1}{v^1} = -\left(k^2 - 1 + \frac{2m}{r}\right)^{-1/2},$$

当 r 趋于 $2m$ 时，$\dfrac{\mathrm{d}s}{\mathrm{d}r}$ 趋于 $-k^{-1}$. 所以，对观测者来说，质点经过有限长的固定时后，到达 $r=2m$. 运动观测者到达 $r=2m$ 时只花费了有限时间. 此后他会发生什么情况呢？他可以通过真空继续运行，到达 r 值更小的地方.

为了研究史瓦西解延拓到 $r < 2m$ 的情况，必须采用非静止坐标系，使 $g_{\mu\nu}$ 随时间坐标而变化. 令坐标 θ 和 ϕ 保持不变，但我们不用 t, r，而用 τ, ρ，其定义如下：

$$\tau = t + f(r), \quad \rho = t + g(r), \tag{19.1}$$

这里函数 f, g 是任意的.

仍用撇号表示对 r 的导数，我们有

$$
\begin{aligned}
\mathrm{d}\tau^2 - \frac{2m}{r}\mathrm{d}\rho^2 &= (\mathrm{d}t + f'\mathrm{d}r)^2 - \frac{2m}{r}(\mathrm{d}t + g'\mathrm{d}r)^2 \\
&= \left(1 - \frac{2m}{r}\right)\mathrm{d}t^2 - 2\left(f' - \frac{2m}{r}g'\right)\mathrm{d}t\mathrm{d}r + \left(f'^2 - \frac{2m}{r}g'^2\right)\mathrm{d}r^2 \\
&= \left(1 - \frac{2m}{r}\right)\mathrm{d}t^2 - \left(1 - \frac{2m}{r}\right)^{-1}\mathrm{d}r^2,
\end{aligned} \tag{19.2}
$$

只要我们选取函数 f 和 g 满足

$$f' = \frac{2m}{r}g' \tag{19.3}$$

和

$$\frac{2m}{r}g'^2 - f'^2 = \left(1 - \frac{2m}{r}\right)^{-1}. \tag{19.4}$$

从这些方程中消去 f，给出

$$g' = \left(\frac{r}{2m}\right)^{1/2}\left(1-\frac{2m}{r}\right)^{-1}. \tag{19.5}$$

为了求这个方程的积分，令 $r = y^2$ 和 $2m = a^2$. 当 $r > 2m$ 时，有 $y > a$. 现在我们有

$$\frac{\mathrm{d}g}{\mathrm{d}y} = 2y\frac{\mathrm{d}g}{\mathrm{d}r} = \frac{2y^4}{a}\frac{1}{y^2-a^2}.$$

上式给出

$$g = \frac{2}{3a}y^3 + 2ay - a^2\log\frac{y+a}{y-a}, \tag{19.6}$$

最后由(19.3)和(19.5)得

$$g' - f' = \left(1-\frac{2m}{r}\right)g' = \left(\frac{r}{2m}\right)^{1/2},$$

上式积分为

$$\frac{2}{3}\frac{1}{\sqrt{2m}}r^{3/2} = g - f = \rho - \tau, \tag{19.7}$$

于是

$$r = \mu(\rho-\tau)^{2/3}, \tag{19.8}$$

其中

$$\mu = \left(\frac{3}{2}\sqrt{2m}\right)^{2/3}.$$

由此我们看出，能够满足条件(19.3)和(19.4). 因此也可以用(19.2)，代入史瓦西

解(18.6)，得

$$ds^2 = d\tau^2 - \frac{2m}{\mu(\rho-\tau)^{2/3}}d\rho^2 - \mu^2(\rho-\tau)^{4/3}(d\theta^2 + \sin^2\theta d\phi^2). \qquad (19.9)$$

由(19.7)，临界值 $r = 2m$ 相当于 $\rho - \tau = 4m/3$．这时度规(19.9)在该处没有奇异性．

我们知道，度规(19.9)在 $r > 2m$ 的区域中满足真空中的爱因斯坦方程，因为它可以由坐标变换，变换成史瓦西解．由此可以推断，因为(19.9)在 $r = 2m$ 处不存在奇异性，由解析延拓，当 $r \leqslant 2m$ 时，(19.9)也满足爱因斯坦方程．度规(19.9)的这种性质可以一直保持到 $r = 0$ 或 $\rho - \tau = 0$．

奇异性出现在新、旧坐标的关系式(19.1)中，但是，一旦我们建立了新坐标系，就可以不管旧坐标系，而奇异性也就不再出现．

我们看到，真空中的史瓦西解能延拓到 $r < 2m$ 区域，但是这个区域无法同 $r > 2m$ 的空间沟通起来，正如我们能容易地证明的，任何信号（即使是光信号），要越过边界 $r = 2m$，也要花费无限长的时间．所以，对 $r < 2m$ 的区域，我们不可能得到直接的观测知识．这样一个区域被称为黑洞，因为物体可以掉入其内（根据我们的钟，要花无限长时间），却没有东西能从其中出来．

于是就产生了一个问题：这样一个区域实际上能否存在？我们能够明确说的，只是爱因斯坦方程允许有这样一个区域存在．一个质量很大的星体可以坍缩成很小的半径，那时其引力将变得如此强大，没有什么已知的物理力能够顶住引力，而阻止其进一步坍缩．似乎它只好坍缩成为一个黑洞．按照我们的钟，达到这一点要花费无限长时间，然而相对于坍缩物质本身，只需花费有限时间．

第 20 章　张量密度

在坐标变换下，四维体积元按如下法则变换：

$$\mathrm{d}x^{0'}\mathrm{d}x^{1'}\mathrm{d}x^{2'}\mathrm{d}x^{3'} = \mathrm{d}x^0\mathrm{d}x^1\mathrm{d}x^2\mathrm{d}x^3 J,\tag{20.1}$$

式中的 J 是雅可比量：

$$J = \frac{\partial(x^{0'}x^{1'}x^{2'}x^{3'})}{\partial(x^0 x^1 x^2 x^3)} = x^{\mu'}{}_{,\alpha}\ \text{的行列式}.$$

为简单起见，我们可以把(20.1)写成

$$\mathrm{d}^4 x' = J\mathrm{d}^4 x.\tag{20.2}$$

现在

$$g_{\alpha\beta} = x^{\mu'}{}_{,\alpha} g_{\mu'\nu'} x^{\nu'}{}_{,\beta}.$$

我们可以把右边看成 3 个矩阵的乘积：第一个矩阵的行由 α 标明，其列由 μ' 标明；第二个矩阵的行由 μ' 标明，其列由 ν' 标明；第三个矩阵的行由 ν' 标明，其列由 β 标明. 此乘积等于左边的 $g_{\alpha\beta}$。这些行列式之间必有对应方程成立，因此

$$g = Jg'J$$

或

$$g = J^2 g'.$$

现在，g 是一个负的量，所以我们可以作出 $\sqrt{-g}$，平方根取正值. 于是

$$\sqrt{-g} = J\sqrt{-g'}. \tag{20.3}$$

设 S 为一标量场量，$S = S'$. 如果 x' 的积分区域相当于 x 的积分区域，则

$$\int S\sqrt{-g}\,\mathrm{d}^4x = \int S\sqrt{-g'}\,J\mathrm{d}^4x = \int S'\sqrt{-g'}\,\mathrm{d}^4x'.$$

于是

$$\int S\sqrt{-g}\,\mathrm{d}^4x = \text{不变量}. \tag{20.4}$$

我们把 $S\sqrt{-g}$ 称为标量密度，即这个量的积分为一不变量.

同样，对于任一张量场 $T^{\mu\cdots}$，我们可以把 $T^{\mu\cdots}\sqrt{-g}$ 称为张量密度. 若积分区域很小，积分

$$\int T^{\mu\nu}\sqrt{-g}\,\mathrm{d}^4x$$

为一张量. 若积分区域不小，则该积分不是一个张量. 因为这时该积分由位于不同点的张量之和组成，从而在坐标变换下不按任何简单方式变换.

量 $\sqrt{-g}$ 以后非常有用. 为简短起见，我们把它简写为 $\sqrt{}$. 我们有

$$g^{-1}g_{,\nu} = 2\sqrt{}^{-1}\sqrt{}_{,\nu}.$$

于是公式(14.5)给出

$$\sqrt{}_{,\nu} = \frac{1}{2}\sqrt{}\,g^{\lambda\mu}g_{\lambda\mu,\nu}, \tag{20.5}$$

而公式(14.6)可以写为

$$\Gamma^{\mu}_{\nu\mu}\sqrt{} = \sqrt{}_{,\nu}. \tag{20.6}$$

第 21 章 高斯定理和斯托克斯定理

矢量 A^μ 的协变散度 $A^\mu_{\ :\mu}$ 是一个标量. 我们有

$$A^\mu_{\ :\mu} = A^\mu_{\ ,\mu} + \Gamma^\mu_{\nu\mu} A^\nu = A^\mu_{\ ,\mu} + \sqrt{}^{-1} \sqrt{}_{,\nu} A^\nu .$$

于是

$$A^\mu_{\ :\mu} \sqrt{} = (A^\mu \sqrt{})_{,\mu} . \tag{21.1}$$

我们可以令 $A^\mu_{\ :\mu}$ 为(20.4)中的 S, 得到不变量

$$\int A^\mu_{\ :\mu} \sqrt{}\, \mathrm{d}^4 x = \int (A^\mu \sqrt{})_{,\mu} \mathrm{d}^4 x .$$

如果积分遍及一有限（四维）体积, 则由高斯定理, 上式右边可以换成遍及该体积的整个边界曲面（三维）的积分.

若 $A^\mu_{\ :\mu} = 0$, 有

$$(A^\mu \sqrt{})_{,\mu} = 0 , \tag{21.2}$$

这里给出了一个守恒定律. 就是说, 密度为 $A^0 \sqrt{}$ 而流由三维矢量 $A^m \sqrt{}$ $(m = 1,2,3)$ 给出的流体是守恒的. 我们可以在确定时间 x^0 把(21.2)遍及整个三维体积 V 取积分. 结果为

$$\left(\int A^0 \sqrt{}\, \mathrm{d}^3 x \right)_{,0} = -\int (A^m \sqrt{})_{,m} \mathrm{d}^3 x$$
$$= \text{遍及} V \text{的整个界面的面积分.}$$

如果没有流通过 V 的界面, 则 $\int A^0 \sqrt{}\, \mathrm{d}^3 x$ 恒定.

一般来说，矢量 A^μ 的这些结果不能用到有一个以上附标的张量. 以有两个附标的张量 $Y^{\mu\nu}$ 为例. 在平坦空间中，我们可用高斯定理把 $\int Y^{\mu\nu}{}_{,\nu}\,\mathrm{d}^4x$ 表示成一个面积分，但是在弯曲空间中，我们一般不能把 $\int Y^{\mu\nu}{}_{:\nu}\sqrt{}\,\mathrm{d}^4x$ 表示成一个面积分. 对反对称张量 $F^{\mu\nu}=-F^{\nu\mu}$，出现一个例外情况.

在此情况下，我们有

$$F^{\mu\nu}{}_{:\sigma}=F^{\mu\nu}{}_{,\sigma}+\Gamma^\mu_{\sigma\rho}F^{\rho\nu}+\Gamma^\nu_{\sigma\rho}F^{\mu\rho},$$

所以由(20.6)，

$$\begin{aligned}F^{\mu\nu}{}_{:\nu}&=F^{\mu\nu}{}_{,\nu}+\Gamma^\mu_{\nu\rho}F^{\rho\nu}+\Gamma^\nu_{\nu\rho}F^{\mu\rho}\\&=F^{\mu\nu}{}_{,\nu}+\sqrt{}^{-1}\sqrt{}_{,\rho}F^{\mu\rho}.\end{aligned}$$

于是

$$F^{\mu\nu}{}_{:\nu}\sqrt{}=(F^{\mu\nu}\sqrt{})_{,\nu}. \tag{21.3}$$

因此，$\int F^{\mu\nu}{}_{:\nu}\sqrt{}\,\mathrm{d}^4x=$ 一个面积分，若 $F^{\mu\nu}{}_{:\nu}=0$，我们有守恒定律.

在对称情况下 $Y^{\mu\nu}=Y^{\nu\mu}$，倘若我们把其中一个附标降低而讨论 $Y_\mu{}^\nu{}_{:\nu}$，我们得到一个对应方程，但其中多了一项. 我们有

$$Y_\mu{}^\nu{}_{:\sigma}=Y_\mu{}^\nu{}_{,\sigma}-\Gamma^\alpha_{\mu\sigma}Y_\alpha{}^\nu+\Gamma^\nu_{\sigma\alpha}Y_\mu{}^\alpha.$$

令 $\sigma=\nu$，利用(20.6)，我们得

$$Y_\mu{}^\nu{}_{:\nu}=Y_\mu{}^\nu{}_{,\nu}+\sqrt{}^{-1}\sqrt{}_{,\alpha}Y_\mu{}^\alpha-\Gamma_{\alpha\mu\nu}Y^{\alpha\nu}.$$

因为 $Y^{\alpha\nu}$ 是对称的，由(7.6)，末项中的 $\Gamma_{\alpha\mu\nu}$ 可被下式代替：

$$\frac{1}{2}(\Gamma_{\alpha\nu\mu}+\Gamma_{\nu\alpha\mu})=\frac{1}{2}g_{\alpha\nu,\mu}.$$

于是，我们得

$$Y_{\mu\ :\nu}^{\ \nu}\sqrt{} = (Y_{\mu}^{\ \nu}\sqrt{})_{,\nu} - \frac{1}{2}g_{\alpha\beta,\mu}Y^{\alpha\beta}\sqrt{}\ . \tag{21.4}$$

对于协变矢量 A_μ，我们有

$$\begin{aligned}A_{\mu:\nu} - A_{\nu:\mu} &= A_{\mu,\nu} - \Gamma_{\ \mu\nu}^{\rho}A_\rho - (A_{\nu,\mu} - \Gamma_{\ \nu\mu}^{\rho}A_\rho)\\ &= A_{\mu,\nu} - A_{\nu,\mu}.\end{aligned} \tag{21.5}$$

这个结果可以表述为：协变旋度等于普通旋度. 上式只对协变矢量成立. 对于逆变矢量，由于附标不均衡，我们不能构成旋度.

取 $\mu = 1, \nu = 2$，我们得

$$A_{1:2} - A_{2:1} = A_{1,2} - A_{2,1}.$$

我们把此方程遍及整个曲面 $x^0 = $ 常数，$x^3 = $ 常数而取积分. 由斯托克斯定理，我们得到

$$\begin{aligned}\iint(A_{1:2} - A_{2:1})\mathrm{d}x^1\mathrm{d}x^2 &= \iint(A_{1,2} - A_{2,1})\mathrm{d}x^1\mathrm{d}x^2\\ &= \int(A_1\mathrm{d}x^1 + A_2\mathrm{d}x^2).\end{aligned} \tag{21.6}$$

对环绕曲面的周边取积分，于是得到环绕周边的积分等于以此周边为界的曲面所流过的通量. 此结果不仅对曲面方程是 $x^0 = $ 常数，$x^3 = $ 常数的那些坐标系成立，而且对一切坐标系普遍成立.

为了用不变量形式写出结果，我们引进二维曲面元的普遍公式. 如果我们取两个微小的逆变矢量 ξ^μ 和 ζ^μ，它们所张的曲面面积元取决于反对称二指标张量

$$\mathrm{d}S^{\mu\nu} = \xi^\mu\zeta^\nu - \xi^\nu\zeta^\mu,$$

于是，若 ξ^μ 具有分量 $0, \mathrm{d}x^1, 0, 0$，而 ζ^μ 具有分量 $0, 0, \mathrm{d}x^2, 0$，则 $\mathrm{d}S^{\mu\nu}$ 具有分量

$$dS^{12} = dx^1 dx^2 , \quad dS^{21} = -dx^1 dx^2 .$$

其他分量等于零. (21.6)左边变为

$$\iint A_{\mu:\nu} dS^{\mu\nu} .$$

右边显然是 $\int A_\mu dx^\mu$, 所以此式变为

$$\frac{1}{2} \iint_{\substack{曲面}} (A_{\mu:\nu} - A_{\nu:\mu}) dS^{\mu\nu} = \int_{\substack{周边}} A_\mu dx^\mu . \tag{21.7}$$

第 22 章　谐和坐标

标量 V 的达朗贝尔方程，即 $\Box V = 0$ ，其协变形式由(10.9)给出

$$g^{\mu\nu}(V_{,\mu\nu} - \Gamma^{\alpha}_{\mu\nu}V_{,\alpha}) = 0 .\qquad(22.1)$$

如果我们采用平直空间中的直线轴，四个坐标 x^{λ} 的每一个都满足 $\Box x^{\lambda} = 0$. 我们可以用 x^{λ} 代替(22.1)中的 V. 当然，由于 x^{λ} 不是 V 那样的标量，所得结果不是一个张量方程，所以只在某些坐标系中成立. 这就对坐标加上了一个限制.

如果我们以 x^{λ} 代替 V，那么必须以 $x^{\lambda}_{,\alpha} = g^{\lambda}_{\alpha}$ 代替 $V_{,\alpha}$. 方程(22.1)变为

$$g^{\mu\nu}\Gamma^{\lambda}_{\mu\nu} = 0 .\qquad(22.2)$$

满足这个条件的坐标叫作**谐和坐标**，谐和坐标提供给我们在弯曲空间中所能采用的最接近直线坐标的近似. 只要愿意，我们可以在任何问题中使用谐和坐标，但一般坐标的张量形式在实际使用上更为方便，因此采用谐和坐标常常是不值得的. 然而在讨论引力波时，谐和坐标非常有用.

由(7.9)和(7.6)，在一般坐标中，我们有

$$\begin{aligned}g^{\mu\nu}_{\,,\sigma} &= -g^{\mu\alpha}g^{\nu\beta}(\Gamma_{\alpha\beta\sigma} + \Gamma_{\beta\alpha\sigma})\\&= -g^{\nu\beta}\Gamma^{\mu}_{\beta\sigma} - g^{\mu\alpha}\Gamma^{\nu}_{\alpha\sigma}.\end{aligned}\qquad(22.3)$$

于是，借助(20.6)，

$$(g^{\mu\nu}\surd)_{,\sigma} = (-g^{\nu\beta}\Gamma^{\mu}_{\beta\sigma} - g^{\mu\alpha}\Gamma^{\nu}_{\alpha\sigma} + g^{\mu\nu}\Gamma^{\beta}_{\sigma\beta})\surd .\qquad(22.4)$$

令 $\sigma = \nu$ ，缩并上式，我们得

$$(g^{\mu\nu}\sqrt{\ })_{,\nu} = -g^{\nu\beta}\Gamma^{\mu}_{\beta\nu}\sqrt{\ }\ . \tag{22.5}$$

我们现在看到，谐和条件的另一形式是

$$(g^{\mu\nu}\sqrt{\ })_{,\nu} = 0\ . \tag{22.6}$$

第23章 电 磁 场

麦克斯韦方程通常写成

$$E = -\frac{1}{c}\frac{\partial A}{\partial t} - \operatorname{grad}\phi ,\tag{23.1}$$

$$H = \operatorname{curl}A ,\tag{23.2}$$

$$\frac{1}{c}\frac{\partial H}{\partial t} = -\operatorname{curl}E ,\tag{23.3}$$

$$\operatorname{div}H = 0 ,\tag{23.4}$$

$$\frac{1}{c}\frac{\partial E}{\partial t} = \operatorname{curl}H - 4\pi j ,\tag{23.5}$$

$$\operatorname{div}E = 4\pi\rho .\tag{23.6}$$

对于狭义相对论，我们必须把这些方程写成四维形式. 势 A 和 ϕ 按下式构成四维矢量 κ^μ：

$$\kappa^0 = \phi, \quad \kappa^m = A^m, (m = 1, 2, 3) .$$

定义

$$F_{\mu\nu} = \kappa_{\mu,\nu} - \kappa_{\nu,\mu} ,\tag{23.7}$$

则由(23.1)，

$$E^1 = -\frac{\partial\kappa^1}{\partial x^0} - \frac{\partial\kappa^0}{\partial x^1} = \frac{\partial\kappa_1}{\partial x^0} - \frac{\partial\kappa_0}{\partial x^1} = F_{10} = -F^{10} ,$$

由(23.2),

$$H^1 = \frac{\partial \kappa^3}{\partial x^2} - \frac{\partial \kappa^2}{\partial x^3} = -\frac{\partial \kappa_3}{\partial x^2} + \frac{\partial \kappa_2}{\partial x^3} = F_{23} = F^{23} .$$

于是，反对称张量 $F_{\mu\nu}$ 的六个分量决定场量 E 和 H.

由定义(23.7),

$$F_{\mu\nu,\sigma} + F_{\nu\sigma,\mu} + F_{\sigma\mu,\nu} = 0 . \tag{23.8}$$

上式给出麦克斯韦方程(23.3)和(23.4). 由(23.6)，我们有

$$F^{0\nu}_{,\nu} = F^{0m}_{,m} = -F^{m0}_{,m} = \mathrm{div}E = 4\pi\rho . \tag{23.9}$$

再由(23.5),

$$F^{1\nu}_{,\nu} = F^{10}_{,0} + F^{12}_{,2} + F^{13}_{,3} = -\frac{\partial E^1}{\partial x^0} + \frac{\partial H^3}{\partial x^2} - \frac{\partial H^2}{\partial x^3} = 4\pi j^1 . \tag{23.10}$$

电荷密度 ρ 和电流 j^m 按下式构成四维矢量 J^μ:

$$J^0 = \rho, \ J^m = j^m .$$

于是(23.9)和(23.10)合并成

$$F^{\mu\nu}_{,\nu} = 4\pi J^\mu . \tag{23.11}$$

按照这种方法，可以把麦克斯韦方程写成狭义相对论所要求的四维形式.

为了过渡到广义相对论，我们必须把这些方程写成协变形式. 由于(21.5)，可以把(23.7)直接写成

$$F_{\mu\nu} = \kappa_{\mu:\nu} - \kappa_{\nu:\mu} .$$

上式给出了场量 $F_{\mu\nu}$ 的协变定义. 我们还有

$$F_{\mu\nu;\sigma} = F_{\mu\nu,\sigma} - \Gamma^{\alpha}_{\mu\sigma} F_{\alpha\nu} - \Gamma^{\alpha}_{\nu\sigma} F_{\mu\alpha} .$$

对 μ, ν, σ 进行循环置换，并把这样得到的三个方程加起来，利用(23.8)，我们可得到

$$F_{\mu\nu;\sigma} + F_{\nu\sigma;\mu} + F_{\sigma\mu;\nu} = F_{\mu\nu,\sigma} + F_{\nu\sigma,\mu} + F_{\sigma\mu,\nu} = 0 . \qquad (23.12)$$

所以，这个麦克斯韦方程直接过渡到协变形式.

最后我们要讨论方程(23.11). 这个方程在广义相对论中不是有效的，必须代之以协变方程：

$$F^{\mu\nu}_{\;\;;\nu} = 4\pi J^{\mu} . \qquad (23.13)$$

由适用于任何反对称二附标张量的(21.3)，我们有

$$(F^{\mu\nu} \sqrt{})_{,\nu} = 4\pi J^{\mu} \sqrt{} .$$

上式立即导致

$$(J^{\mu} \sqrt{})_{,\mu} = (4\pi)^{-1} (F^{\mu\nu} \sqrt{})_{,\mu\nu} = 0 .$$

所以，我们就有一个类似于(21.2)的方程，它给出电荷守恒定律. 电荷守恒定律精确地成立，不受空间弯曲的影响.

第 24 章　有物质存在时对爱因斯坦方程的修正

没有物质存在时，爱因斯坦方程为

$$R^{\mu\nu} = 0 .\tag{24.1}$$

由方程导出

$$R = 0 ,$$

因此

$$R^{\mu\nu} - \frac{1}{2} g^{\mu\nu} R = 0 .\tag{24.2}$$

假如我们从方程(24.2)出发，通过缩并得到

$$R - 2R = 0 ,$$

因而我们又可得到(24.1). 可以用(24.1)或(24.2)作为真空条件下的基本方程.

当有物质存在时，这些方程必须加以修正. 我们假设(24.1)变成

$$R^{\mu\nu} = X^{\mu\nu} ,\tag{24.3}$$

且(24.2)变成

$$R^{\mu\nu} - \frac{1}{2} g^{\mu\nu} R = Y^{\mu\nu} .\tag{24.4}$$

这里 $X^{\mu\nu}$ 和 $Y^{\mu\nu}$ 是表明物质存在的对称二指标张量.

现在看到，(24.4)是比较方便使用的形式，因为有比安基关系式(14.3)，它告诉我们

$$\left(R^{\mu\nu} - \frac{1}{2} g^{\mu\nu} R \right)_{;\nu} = 0 .$$

因此，(24.4)要求

$$Y^{\mu\nu}{}_{;\nu} = 0 . \tag{24.5}$$

由物质产生的任何张量 $Y^{\mu\nu}$ 必须满足这个条件，否则方程(24.4)是不相容的.

为方便起见，引进系数 -8π ，并把(24.4)改写为

$$R^{\mu\nu} - \frac{1}{2} g^{\mu\nu} R = -8\pi Y^{\mu\nu} . \tag{24.6}$$

可以看到，张量 $Y^{\mu\nu}$ 及此系数应解释为（非引力的）能量－动量的密度和流. $Y^{\mu 0}$ 是能量－动量密度，$Y^{\mu r}$ 是能量－动量流.

在平直空间中，(24.5)变成

$$Y^{\mu\nu}{}_{,\nu} = 0 ,$$

因而它给出能量－动量守恒. 在弯曲空间中能量－动量守恒只是近似的，这种误差来源于物质的引力场以及引力场本身具有若干能量和动量.

第 25 章 　物质能量张量

设我们有一物质分布，其速度从一点到邻点连续地变化．如果 z^μ 表示物质元的坐标，我们就能引进速度矢量 $v^\mu = \mathrm{d}z^\mu / \mathrm{d}s$ ，和场函数一样，它是 x 的连续函数，具有下列性质：

$$g_{\mu\nu} v^\mu v^\nu = 1 , \tag{25.1}$$

$$0 = (g_{\mu\nu} v^\mu v^\nu)_{:\sigma} = g_{\mu\nu} (v^\mu v^\nu_{:\sigma} + v^\mu_{:\sigma} v^\nu) = 2 g_{\mu\nu} v^\mu v^\nu_{:\sigma}$$

于是

$$v_\nu v^\nu_{:\sigma} = 0 . \tag{25.2}$$

我们可以引进一个标量场 ρ ，使矢量场 ρv^μ 决定物质的密度和流，犹如 J^μ 决定电荷密度和电流一样；这就是说，$\rho v^0 \sqrt{}$ 是物质密度，$\rho v^m \sqrt{}$ 是物质流．物质守恒的条件是

$$(\rho v^\mu \sqrt{})_{,\mu} = 0$$

或

$$(\rho v^\mu)_{:\mu} = 0 . \tag{25.3}$$

我们考虑的物质具有能量密度 $\rho v^0 v^0 \sqrt{}$ 和能流密度 $\rho v^0 v^m \sqrt{}$ ，同样有动量密度 $\rho v^n v^0 \sqrt{}$ 和动量流 $\rho v^n v^m \sqrt{}$ ．令

$$T^{\mu\nu} = \rho v^\mu v^\nu , \tag{25.4}$$

则 $T^{\mu\nu}\sqrt{}$ 给出能量－动量密度和能量－动量流. $T^{\mu\nu}$ 被称为物质能量张量，它当然是对称的.

我们能否用 $T^{\mu\nu}$ 作为爱因斯坦方程(24.6)右边的物质项呢？为此，我们要求 $T^{\mu\nu}{}_{:\nu}=0$. 由定义(25.4)，我们有

$$T^{\mu\nu}{}_{:\nu}=\left(\rho v^{\mu}v^{\nu}\right)_{:\nu}=v^{\mu}\left(\rho v^{\nu}\right)_{:\nu}+\rho v^{\nu}v^{\mu}{}_{:\nu}.$$

根据质量守恒条件(25.3). 上式右边第一项等于零. 如果物质沿测地线运动，则第二项等于零，因为假如 v^{μ} 被定义为连续场函数，而不是只在一条世界线上有意义，我们有

$$\frac{\mathrm{d}v^{\mu}}{\mathrm{d}s}=v^{\mu}{}_{,\nu}v^{\nu}.$$

这样(8.3)变为

$$\left(v^{\mu}{}_{,\nu}+\varGamma^{\mu}_{\nu\sigma}v^{\sigma}\right)v^{\nu}=0$$

或

$$v^{\mu}{}_{:\nu}v^{\nu}=0. \tag{25.5}$$

现在我们可以看出，引进适当的数值系数 k，就能把物质能量张量(25.4)代入爱因斯坦方程(24.4). 我们得到

$$R^{\mu\nu}-\frac{1}{2}g^{\mu\nu}R=k\rho v^{\mu}v^{\nu}. \tag{25.6}$$

现在我们来确定系数 k 的值，首先我们按照第 16 章的方法过渡到牛顿近似. 我们注意到，缩并(25.6)就得到

$$-R = k\rho \,.$$

所以(25.6)可以写成

$$R^{\mu\nu} = k\rho\left(v^{\mu}v^{\nu} - \frac{1}{2}g^{\mu\nu}\right).$$

在弱场近似下，按(16.4)，我们得

$$\frac{1}{2}g^{\rho\sigma}\left(g_{\rho\sigma,\mu\nu} - g_{\nu\sigma,\mu\rho} - g_{\mu\rho,\nu\sigma} + g_{\mu\nu,\rho\sigma}\right) = k\rho\left(v_{\mu}v_{\nu} - \frac{1}{2}g_{\mu\nu}\right).$$

我们现在讨论静止场和静止物质分布，于是 $v_0 = 1$，$v_m = 0$．令 $\mu = \nu = 0$，忽略二级量，我们得

$$-\frac{1}{2}\nabla^2 g_{00} = \frac{1}{2}k\rho \,,$$

或由(16.6)，

$$\nabla^2 V = -\frac{1}{2}k\rho \,.$$

为了与泊松方程一致，我们必须取 $k = -8\pi$．

于是，物质分布具有速度场时的爱因斯坦方程为

$$R^{\mu\nu} - \frac{1}{2}g^{\mu\nu}R = -8\pi\rho v^{\mu}v^{\nu} \,. \tag{25.7}$$

因此，(25.4)所给出的 $T^{\mu\nu}$ 的确就是方程(24.6)的 $Y^{\mu\nu}$．

质量守恒条件(25.3)给出

$$\rho_{:\mu}v^{\mu} + \rho v^{\mu}_{:\mu} = 0 \,,$$

所以

$$\frac{\mathrm{d}\rho}{\mathrm{d}s} = \frac{\partial \rho}{\partial x^{\mu}} v^{\mu} = -\rho v^{\mu}_{\ :\mu} . \tag{25.8}$$

上式是决定 ρ 沿物质元的世界线如何变化的条件，它允许 ρ 任意地从一物质元的世界线改变到相邻物质元的世界线. 因而我们可以规定在时空中成管状的一束世界线外，ρ 都等于零. 这样一束世界线就组成了一个有限尺寸的物质粒子，在粒子外，我们有 $\rho = 0$，真空中的爱因斯坦方程成立.

应该注意到，如果假定普遍场方程(25.7)，我们就能由此推出两种情况：(a)质量是守恒的；(b)质量沿测地线运动. 为此，我们注意到，根据比安基关系式，[(25.7)的左边]$_{:\nu}$ 等于零，所以方程(25.7)给出

$$(\rho v^{\mu} v^{\nu})_{:\nu} = 0$$

或

$$v^{\mu}(\rho v^{\nu})_{:\nu} + \rho v^{\nu} v^{\mu}_{\ :\nu} = 0 . \tag{25.9}$$

把此方程乘以 v_{μ}. 由(25.2)，第二项等于零，剩下 $(\rho v^{\nu})_{:\nu} = 0$，这正是守恒方程(25.3). 方程(25.9)现在化为 $v^{\nu} v^{\mu}_{\ :\nu} = 0$，这是测地线方程. 所以，就没有必要把粒子沿测地线运动作为一条独立假设. 对于一个小粒子，把真空中的爱因斯坦方程应用到该粒子的周围空间，其运动约束在一条测地线上.

第 26 章　引力作用量原理

引进标量

$$I = \int R\sqrt{}\, \mathrm{d}^4 x \,, \tag{26.1}$$

其中积分遍及某四维体积. 作 $g_{\mu\nu}$ 的变分 $\delta g_{\mu\nu}$，并使 $g_{\mu\nu}$ 以及它们的一阶导数在边界面上保持不变. 我们将发现，对于 $\delta g_{\mu\nu}$ 的任意值，令 $\delta I = 0$，给出爱因斯坦的真空方程.

由(14.4)，我们有

$$R = g^{\mu\nu} R_{\mu\nu} = R^* - L \,,$$

式中有

$$R^* = g^{\mu\nu} (\varGamma^{\sigma}_{\mu\sigma,\nu} - \varGamma^{\sigma}_{\mu\nu,\sigma}) \tag{26.2}$$

和

$$L = g^{\mu\nu} (\varGamma^{\sigma}_{\mu\nu} \varGamma^{\rho}_{\sigma\rho} - \varGamma^{\sigma}_{\mu\sigma} \varGamma^{\sigma}_{\nu\rho}) \,. \tag{26.3}$$

I 包含 $g_{\mu\nu}$ 的二阶导数，因为这些二阶导数出现在 R^* 中，但它们只以线性形式出现，可以通过分部积分消去. 我们有

$$R^* \sqrt{} = (g^{\mu\nu} \varGamma^{\sigma}_{\mu\sigma} \sqrt{})_{,\nu} - (g^{\mu\nu} \varGamma^{\sigma}_{\mu\nu} \sqrt{})_{,\sigma} - (g^{\mu\nu} \sqrt{})_{,\nu} \varGamma^{\sigma}_{\mu\sigma} + (g^{\mu\nu} \sqrt{})_{,\sigma} \varGamma^{\sigma}_{\mu\nu}. \tag{26.4}$$

前面两项是全微分，因此它们对 I 没有贡献. 我们只保留(26.4)的最后两项即可，借

助(22.5)和(22.4)，这两项变为

$$g^{\nu\beta}\Gamma^{\mu}_{\beta\nu}\Gamma^{\sigma}_{\mu\sigma}\sqrt{\ }+(-2g^{\nu\beta}\Gamma^{\mu}_{\beta\sigma}+g^{\mu\nu}\Gamma^{\beta}_{\sigma\beta})\Gamma^{\sigma}_{\mu\nu}\sqrt{\ }\,.$$

由(26.3)，上式正好等于 $2L\sqrt{\ }$. 所以(26.1)变成

$$I=\int L\sqrt{\ }\,\mathrm{d}^4x\,.$$

此式只包含 $g_{\mu\nu}$ 以及 $g_{\mu\nu}$ 的一阶导数. 它是这些一阶导数的二次齐次式.

令 $\mathcal{L}=L\sqrt{\ }$. 我们把它（其中有一个待定的适当的数值系数）看成引力场作用量密度，它不是标量密度. 但由于它不包含 $g_{\mu\nu}$ 的二阶导数，所以它比 $R\sqrt{\ }$ （ $R\sqrt{\ }$ 是标量密度）更为方便.

按照通常的动力学概念，作用量是拉格朗日函数对时间的积分. 我们有

$$I=\int\mathcal{L}\mathrm{d}^4x=\int\mathrm{d}x_0\int\mathcal{L}\mathrm{d}x^1\mathrm{d}x^2\mathrm{d}x^3\,,$$

所以拉格朗日函数显然为

$$\int\mathcal{L}\mathrm{d}x^1\mathrm{d}x^2\mathrm{d}x^3\,.$$

这样， $\mathcal{L}$ 就可以被视为拉格朗日密度（在三维空间中）和作用量密度（在四维空间中）. 我们可以把 $g_{\mu\nu}$ 看成动力学坐标，把 $g_{\mu\nu}$ 对时间的导数看成速度. 那么我们就可以看出，拉格朗日函数是速度的二次（非齐次）式，这正是动力学中所常见的.

我们现在必须变分 $\mathcal{L}$. 利用(20.6)，借助(22.5)，我们有

$$\begin{aligned}\delta(\Gamma^{\alpha}_{\mu\nu}\Gamma^{\beta}_{\alpha\beta}g^{\mu\nu}\sqrt{\ })&=\Gamma^{\alpha}_{\mu\nu}\delta(\Gamma^{\beta}_{\alpha\beta}g^{\mu\nu}\sqrt{\ })+\Gamma^{\beta}_{\alpha\beta}g^{\mu\nu}\sqrt{\ }\delta\Gamma^{\alpha}_{\mu\nu}\\&=\Gamma^{\alpha}_{\mu\nu}\delta(g^{\mu\nu}\sqrt{\ }_{,\alpha})+\Gamma^{\beta}_{\alpha\beta}\delta(\Gamma^{\alpha}_{\mu\nu}g^{\mu\nu}\sqrt{\ })-\Gamma^{\beta}_{\alpha\beta}\Gamma^{\alpha}_{\mu\nu}\delta(g^{\mu\nu}\sqrt{\ })\qquad(26.5)\\&=\Gamma^{\alpha}_{\mu\nu}\delta(g^{\mu\nu}\sqrt{\ }_{,\alpha})-\Gamma^{\beta}_{\alpha\beta}\delta(g^{\alpha\nu}\sqrt{\ })_{,\nu}-\Gamma^{\beta}_{\alpha\beta}\Gamma^{\alpha}_{\mu\nu}\delta(g^{\mu\nu}\sqrt{\ }).\end{aligned}$$

借助(22.3)，还有

$$\delta(\Gamma^{\beta}_{\mu\alpha}\Gamma^{\alpha}_{\nu\beta}g^{\mu\nu}\sqrt{\ }) = 2(\delta\Gamma^{\beta}_{\mu\alpha})\Gamma^{\alpha}_{\nu\beta}g^{\mu\nu}\sqrt{\ } + \Gamma^{\beta}_{\mu\alpha}\Gamma^{\alpha}_{\nu\beta}\delta(g^{\mu\nu}\sqrt{\ })$$
$$= 2\delta(\Gamma^{\beta}_{\mu\alpha}g^{\mu\nu}\sqrt{\ })\Gamma^{\alpha}_{\nu\beta} - \Gamma^{\beta}_{\mu\alpha}\Gamma^{\alpha}_{\nu\beta}\delta(g^{\mu\nu}\sqrt{\ }) \quad (26.6)$$
$$= -\delta(g^{\nu\beta}{}_{,\alpha}\sqrt{\ })\Gamma^{\alpha}_{\nu\beta} - \Gamma^{\beta}_{\mu\alpha}\Gamma^{\alpha}_{\nu\beta}\delta(g^{\mu\nu}\sqrt{\ }).$$

(26.5)减(26.6)，得

$$\delta\mathcal{L} = \Gamma^{\alpha}_{\mu\nu}\delta(g^{\mu\nu}\sqrt{\ })_{,\alpha} - \Gamma^{\beta}_{\alpha\beta}\delta(g^{\alpha\nu}\sqrt{\ })_{,\nu} + (\Gamma^{\beta}_{\mu\alpha}\Gamma^{\alpha}_{\nu\beta} - \Gamma^{\beta}_{\alpha\beta}\Gamma^{\alpha}_{\mu\nu})\delta(g^{\mu\nu}\sqrt{\ }). \quad (26.7)$$

上式前两项与下式相差一个全微分：

$$-\Gamma^{\alpha}_{\mu\nu,\alpha}\delta(g^{\mu\nu}\sqrt{\ }) + \Gamma^{\beta}_{\mu\beta,\nu}\delta(g^{\mu\nu}\sqrt{\ }).$$

所以，我们得到

$$\delta I = \delta\int\mathcal{L}\mathrm{d}^4x = \int R_{\mu\nu}\delta(g^{\mu\nu}\sqrt{\ })\mathrm{d}^4x, \quad (26.8)$$

其中 $R_{\mu\nu}$ 由(14.4)给出. 因 $\delta g_{\mu\nu}$ 是任意的，量（$\delta g_{\mu\nu}\sqrt{\ }$）也是独立的和任意的，所以(26.8)等于零的条件导致(24.1)形式的爱因斯坦定律.

用和(7.9)相同的方法，我们可推得

$$\delta g^{\mu\nu} = -g^{\mu\alpha}g^{\nu\beta}\delta g_{\alpha\beta}. \quad (26.9)$$

相当于(20.5)，我们可推出

$$\delta\sqrt{\ } = \frac{1}{2}\sqrt{\ }g^{\alpha\beta}\delta g_{\alpha\beta}, \quad (26.10)$$

于是

$$\delta(g^{\mu\nu}\sqrt{\ }) = -\left(g^{\mu\alpha}g^{\nu\beta} - \frac{1}{2}g^{\mu\nu}g^{\alpha\beta}\right)\sqrt{\ }\delta g_{\alpha\beta}.$$

这样我们就可以把(26.8)写成另一种形式：

$$
\begin{aligned}
\delta I &= -\int R_{\mu\nu}\left(g^{\mu\alpha}g^{\nu\beta} - \frac{1}{2}g^{\mu\nu}g^{\alpha\beta}\right)\sqrt{}\,\delta g_{\alpha\beta}\mathrm{d}^4 x \\
&= -\int \left(R^{\alpha\beta} - \frac{1}{2}g^{\alpha\beta}R\right)\sqrt{}\,\delta g_{\alpha\beta}\mathrm{d}^4 x.
\end{aligned}
\tag{26.11}
$$

要求(26.11)等于零，给出(24.2)形式的爱因斯坦定律.

第 27 章　物质连续分布作用量

如同我们在第 25 章中所做的，我们考虑物质的连续分布，其速度从一点到相邻点连续地变化. 我们对物质同引力场的相互作用，可建立如下形式的作用量原理：

$$\delta(I_g + I_m) = 0 . \tag{27.1}$$

式中作用量的引力部分 I_g 就是上一章的 I 乘以某数值系数 κ ，而用作用量的物质部分 I_m 待定. 条件(27.1)必定导致有物质时的引力场方程(25.7)以及物质运动的测地线方程.

我们必须对物质元位置进行任意变分，来看看它如何影响 I_m . 要是我们首先从纯运动学来考虑这些变分，而完全不管度规 $g_{\mu\nu}$ ，这样就能让讨论更加清楚. 这时，协变矢量和逆变矢量实际上是不同的，我们不能把其中一个变换成另一个. 速度是由逆变矢量 u^μ 分量比所描写的，不引进度规就不可能把速度归一化.

考虑一连续的物质流，在每个点上有速度矢量 u^μ（其中有一未知的相乘因子）. 我们可以建立一个逆变矢量密度 p^μ ，它位于 u^μ 的方向，且按以下公式决定流量及其速度：

$$p^0 dx^1 dx^2 dx^3$$

是某一时刻体积元 $dx^1 dx^2 dx^3$ 内的物质量，而

$$p^1 dx^0 dx^2 dx^3$$

是时间间隔 dx^0 内流过面元 $dx^2 dx^3$ 的物质量. 我们假定物质是守恒的，所以

$$p^{\mu}{}_{,\mu} = 0 . \tag{27.2}$$

我们设每一物质元由 z^{μ} 位移到 $z^{\mu}+b^{\mu}$，b^{μ} 是微小的. 我们必须确定在给定点 x 处 p^{μ} 的变化值.

首先考虑 $b^0 = 0$ 的情况. 在某三维体积 V 内，物质量的变化等于通过 V 的界面流出量的负值:

$$\delta \int_V p^0 \mathrm{d}x^1 \mathrm{d}x^2 \mathrm{d}x^3 = -\int p^0 b^r \mathrm{d}S_r$$

（ $r = 1,2,3$ ），式中 $\mathrm{d}S_r$ 表示 V 的界面元. 根据高斯定理，可以把右边换成体积分，得到

$$\delta p^0 = -(p^0 b^r)_{,r} . \tag{27.3}$$

我们必须将此结果推广到 $b^0 \neq 0$ 的情况. 利用下述条件: 如果 b^{μ} 正比于 p^{μ}，则每一物质元沿其世界线移位，从而使 p^{μ} 不变. 显而易见，(27.3)的推广是

$$\delta p^0 = (p^r b^0 - p^0 b^r)_{,r} ,$$

因为当 $b^0 = 0$ 时上式与(27.3)相符，而当 b^{μ} 正比于 p^{μ} 时，上式给出 $\delta p^0 = 0$. 对于 p^{μ} 的其他分量有相应的公式，所以普遍结果为

$$\delta p^{\mu} = (p^{\nu} b^{\mu} - p^{\mu} b^{\nu})_{,\nu} . \tag{27.4}$$

当描写连续物质流时，量 p^{μ} 是作用量函数中用到的基本变量. 它们必然按公式 (27.4)变化，在适当的分部积分后，必须令每个 b^{μ} 的系数等于零. 这样就给出了物质的运动方程.

质量为 m 的孤立质点的作用量是

$$-m \int \mathrm{d}s . \tag{27.5}$$

考虑狭义相对论的情形, 我们就能看出系数 $-m$ 是必需的. 因为这时拉格朗日函数是 (27.5)对时间取导数, 即

$$L = -m\frac{\mathrm{d}s}{\mathrm{d}x^0} = -m\left(1 - \frac{\mathrm{d}x^r}{\mathrm{d}x^0}\frac{\mathrm{d}x^r}{\mathrm{d}x^0}\right)^{1/2},$$

对 $r = 1, 2, 3$ 求和. 给出动量为

$$\frac{\partial L}{\partial(\mathrm{d}x^r/\mathrm{d}x^0)} = m\frac{\mathrm{d}x^r}{\mathrm{d}x^0}\left(1 - \frac{\mathrm{d}x^n}{\mathrm{d}x^0}\frac{\mathrm{d}x^n}{\mathrm{d}x^0}\right)^{-1/2} = m\frac{\mathrm{d}x^r}{\mathrm{d}s},$$

这就是应得的结果.

由(27.5), 将 m 代以 $p^0\mathrm{d}x^1\mathrm{d}x^2\mathrm{d}x^3$ 并积分, 得到物质连续分布的作用量为

$$I_m = -\int p^0\mathrm{d}x^1\mathrm{d}x^2\mathrm{d}x^3\mathrm{d}s. \tag{27.6}$$

为了得到更易理解的作用量形式, 我们使用度规, 并令

$$p^\mu = \rho v^\mu \sqrt{}. \tag{27.7}$$

式中 ρ 是决定密度的一个标量, v^μ 是上述矢量 u^μ 的归一化矢量, 其长度为 1. 因为 $v^0\mathrm{d}s = \mathrm{d}x^0$, 得

$$\begin{aligned}I_m &= -\int \rho\sqrt{}\, v^0\mathrm{d}x^1\mathrm{d}x^2\mathrm{d}x^3\mathrm{d}s \\ &= -\int \rho\sqrt{}\,\mathrm{d}^4x.\end{aligned} \tag{27.8}$$

由于 ρ, v^μ 不是独立变量, 这种形式的作用量不适于取变分, 我们必须用 p^μ 来消去它们, 然后按(27.4)变分 p^μ. 由(27.7)得

$$(p^\mu p_\mu)^{1/2} = \rho\sqrt{}.$$

所以(27.8)变成

$$I_m = -\int (p^\mu p_\mu)^{1/2} \mathrm{d}^4 x .\tag{27.9}$$

为了对这一表达式取变分，我们利用

$$\begin{aligned}
\delta(p^\mu p_\mu)^{1/2} &= \frac{1}{2}(p^\lambda p_\lambda)^{-1/2}(p^\mu p^\nu \delta g_{\mu\nu} + 2p_\mu \delta p^\mu) \\
&= \frac{1}{2}\rho v^\mu v^\nu \sqrt{\ } \delta g_{\mu\nu} + v_\mu \delta p^\mu .
\end{aligned}$$

借助(26.11)，把(26.11)乘以系数 κ，由作用量原理(27.1)给出

$$\delta(I_g + \delta I_m) = -\int \left[\kappa\left(R^{\mu\nu} - \frac{1}{2}g^{\mu\nu}R \right) + \frac{1}{2}\rho v^\mu v^\nu \right]\sqrt{\ }\,\delta g_{\mu\nu}\mathrm{d}^4 x - \int v_\mu \delta p^\mu \mathrm{d}^4 x.\tag{27.10}$$

令 $\delta g_{\mu\nu}$ 的系数等于零，只要取 $\kappa = (16\pi)^{-1}$，我们就得到爱因斯坦方程(25.7). 利用 (27.4)，末项给出

$$\begin{aligned}
-\int v_\mu (p^\nu b^\mu - p^\mu b^\nu)_{,\nu}\,\mathrm{d}^4 x &= \int v_{\mu,\nu}(p^\nu b^\mu - p^\mu b^\nu)\mathrm{d}^4 x \\
&= \int (v_{\mu,\nu} - v_{\nu,\mu})p^\nu b^\mu \mathrm{d}^4 x \\
&= \int (v_{\mu:\nu} - v_{\nu:\mu})\rho v^\nu b^\mu \sqrt{\ }\,\mathrm{d}^4 x \\
&= \int v_{\mu:\nu}\rho v^\nu b^\mu \sqrt{\ }\,\mathrm{d}^4 x,
\end{aligned}\tag{27.11}$$

最后一步推导中用到了(25.2). 令式中 b^μ 的系数等于零，我们就得到测地线方程(25.5).

第 28 章　电磁场作用量

电磁场作用量密度的常用表达式为

$$(8\pi)^{-1}(E^2 - H^2) .$$

如果把它按第 23 章给出的狭义相对论四维记号写出，则变成

$$-(16\pi)^{-1}F_{\mu\nu}F^{\mu\nu} ,$$

这就导致广义相对论中不变作用量的表达式为

$$I_{em} = -(16\pi)^{-1}\int F_{\mu\nu}F^{\mu\nu}\,\sqrt{}\,\mathrm{d}^4 x . \tag{28.1}$$

这里我们必须考虑 $F_{\mu\nu} = \kappa_{\mu,\nu} - \kappa_{\nu,\mu}$，所以 I_{em} 是 $g_{\mu\nu}$ 和电磁势导数的函数.

我们首先保持 κ_{σ} 不变对 $g_{\mu\nu}$ 变分，于是 $F_{\mu\nu}$ 是常数，而 $F^{\mu\nu}$ 不是常数. 借助(26.10)和(26.9)，我们有

$$\begin{aligned}
\delta(F_{\mu\nu}F^{\mu\nu}\,\sqrt{}\,) &= F_{\mu\nu}F^{\mu\nu}\delta\sqrt{} + F_{\mu\nu}F_{\alpha\beta}\,\sqrt{}\,\delta(g^{\mu\alpha}g^{\nu\beta}) \\
&= \frac{1}{2}F_{\mu\nu}F^{\mu\nu}g^{\rho\sigma}\,\sqrt{}\,\delta g_{\rho\sigma} - 2F_{\mu\nu}F_{\alpha\beta}\,\sqrt{}\,g^{\mu\rho}g^{\alpha\sigma}g^{\nu\beta}\delta g_{\rho\sigma} .
\end{aligned}$$

于是

$$\begin{aligned}
\delta(F_{\mu\nu}F^{\mu\nu}\,\sqrt{}\,) &= \left(\frac{1}{2}F_{\mu\nu}F^{\mu\nu}g^{\rho\sigma} - 2F^{\rho}{}_{\nu}F^{\sigma\nu}\right)\sqrt{}\,\delta g_{\rho\sigma} \\
&= 8\pi E^{\rho\sigma}\,\sqrt{}\,\delta g_{\rho\sigma} ,
\end{aligned} \tag{28.2}$$

式中 $E^{\rho\sigma}$ 是电磁场应力−能量张量，它是由下式定义的一个对称张量：

$$4\pi E^{\rho\sigma} = -F^{\rho}{}_{v}F^{\sigma v} + \frac{1}{4}g^{\rho\sigma}F_{\mu v}F^{\mu v}. \tag{28.3}$$

注意，在狭义相对论中

$$4\pi E^{00} = E^2 - \frac{1}{2}(E^2 - H^2)$$
$$= \frac{1}{2}(E^2 + H^2),$$

所以 E^{00} 是能量密度，而

$$4\pi E^{01} = -F^{0}{}_{2}F^{12} - F^{0}{}_{3}F^{13}$$
$$= E^2 H^3 - E^3 H^2,$$

所以 E^{0n} 是给出能流变化率的坡印亭矢量.

如果保持 $g_{\alpha\beta}$ 不变，变分 κ_{μ}，借助(21.3)，我们得

$$\begin{aligned}
\delta(F_{\mu v}F^{\mu v}\sqrt{\,}) &= 2F^{\mu v}\sqrt{\,}\delta F_{\mu v} = 4F^{\mu v}\sqrt{\,}\delta\kappa_{\mu,v} \\
&= 4(F^{\mu v}\sqrt{\,}\delta\kappa_{\mu})_{,v} - 4(F^{\mu v}\sqrt{\,})_{,v}\delta\kappa_{\mu} \\
&= 4(F^{\mu v}\sqrt{\,}\delta\kappa_{\mu})_{,v} - 4F^{\mu v}{}_{:v}\sqrt{\,}\delta\kappa_{\mu}.
\end{aligned} \tag{28.4}$$

(28.2)与(28.4)相加，除以 -16π 后，得到全变分为

$$\delta I_{em} = \int \left[-\frac{1}{2}E^{\mu v}\delta g_{\mu v} + (4\pi)^{-1}F^{\mu v}{}_{:v}\delta\kappa_{\mu} \right] \sqrt{\,}\,\mathrm{d}^4x\,. \tag{28.5}$$

第 29 章　带电物质作用量

上一章我们考虑了电荷不存在时的电磁场. 若有电荷存在, 作用量必须再增加一项. 对于带电荷为 e 的单个粒子, 增加的作用量为

$$-e\int \kappa_\mu \mathrm{d}x^\mu = -e\int \kappa_\mu v^\mu \mathrm{d}s\,, \tag{29.1}$$

积分是沿世界线计算的.

讨论载有电荷的点状粒子有一些困难, 因为它会在电场中产生一个奇点. 我们将讨论带电物质的连续分布, 以回避这些困难. 我们用第 27 章的方法来处理这种物质, 假定每一物质元带有电荷.

在运动学的讨论中, 我们用逆变矢量密度 p^μ 来确定物质密度和物质流. 我们现在必须引进逆变矢量密度 $\mathcal{J}^\mu$ 来确定电荷密度和电流, 这两个矢量限制在同一方向. 当我们作一位移时, 对应(27.4), 有

$$\delta \mathcal{J}^\mu = (\mathcal{J}^\nu b^\mu - \mathcal{J}^\mu b^\nu)_{,\nu}\,, \tag{29.2}$$

式中 b^μ 与(27.4)的相同.

带电粒子作用量表达式(29.1), 现在对于带电物质连续分布变为

$$I_q = -\int \mathcal{J}^0 \kappa_\mu v^\mu \mathrm{d}x^1 \mathrm{d}x^2 \mathrm{d}x^3 \mathrm{d}s\,,$$

此式与(27.6)相当.

当引进度规时, 对应(27.7), 我们令

$$\mathcal{J}^{\mu} = \sigma v^{\mu} \sqrt{} \ , \tag{29.3}$$

式中 σ 是决定电荷密度的一个标量. 与(27.8)相当，作用量现在变为

$$
\begin{aligned}
I_q &= -\int \sigma \kappa_{\mu} v^{\mu} \sqrt{} \ \mathrm{d}^4 x \\
&= -\int \kappa_{\mu} \mathcal{J}^{\mu} \mathrm{d}^4 x.
\end{aligned}
\tag{29.4}
$$

于是

$$
\begin{aligned}
\delta I_q &= -\int \left[\mathcal{J}^{\mu} \delta \kappa_{\mu} + \kappa_{\mu} (\mathcal{J}^{\nu} b^{\mu} - \mathcal{J}^{\mu} b^{\nu})_{,\nu} \right] \mathrm{d}^4 x \\
&= \int \left[-\sigma v^{\mu} \sqrt{} \ \delta \kappa_{\mu} + \kappa_{\mu,\nu} (\mathcal{J}^{\nu} b^{\mu} - \mathcal{J}^{\mu} b^{\nu}) \right] \mathrm{d}^4 x \\
&= \int \sigma (-v^{\mu} \delta \kappa_{\mu} + F_{\mu\nu} v^{\nu} b^{\mu}) \sqrt{} \ \mathrm{d}^4 x.
\end{aligned}
\tag{29.5}
$$

带电物质同引力场和电磁场相互作用的方程都可以从普遍作用量原理

$$\delta(I_g + I_m + I_{em} + I_q) = 0 \tag{29.6}$$

中得到. 于是，我们把(29.5)和(28.5)以及末项代之以(27.11)的(27.10)相加，并令变分 $\delta g_{\mu\nu}$, $\delta \kappa_{\mu}$ 和 b^{μ} 的总系数等于零.

$\sqrt{} \ \delta g_{\mu\nu}$ 的系数乘以 -16π 后给出

$$R^{\mu\nu} - \frac{1}{2} g^{\mu\nu} R + 8\pi \rho v^{\mu} v^{\nu} + 8\pi E^{\mu\nu} = 0 \ . \tag{29.7}$$

这就是爱因斯坦方程(24.6)，其中 $Y^{\mu\nu}$ 由两部分组成，一部分来自物质－能量张量，另一部分来自电磁场应力－能量张量.

$\sqrt{} \ \delta \kappa_{\mu}$ 的系数给出

$$-\sigma v^{\mu} + (4\pi)^{-1} F^{\mu\nu}{}_{;\nu} = 0 \ .$$

由(29.3)我们看出，σv^{μ} 是电流密度矢量 J^{μ}，故得

$$F^{\mu\nu}{}_{:\nu} = 4\pi J^{\mu} . \tag{29.8}$$

这是电荷存在时的麦克斯韦方程(23.13).

最后, $\sqrt{}\, b^{\mu}$ 的系数给出

$$\rho v_{\mu:\nu} v^{\nu} + \sigma F_{\mu\nu} v^{\nu} = 0$$

或

$$\rho v_{\mu:\nu} v^{\nu} + F_{\mu\nu} J^{\nu} = 0 . \tag{29.9}$$

这里第二项给出洛伦兹力, 它使物质元的运动轨道偏离测地线.

方程(29.9)可以从(29.7)和(29.8)导出. 取(29.7)的协变散度, 利用比安基关系式得到

$$(\rho v^{\mu} v^{\nu} + E^{\mu\nu})_{:\nu} = 0 . \tag{29.10}$$

由(28.3),

$$\begin{aligned}
4\pi E^{\mu\nu}{}_{:\nu} &= -F^{\mu\alpha} F^{\nu}{}_{\alpha:\nu} - F^{\mu\alpha}{}_{:\nu} F^{\nu}{}_{\alpha} + \frac{1}{2} g^{\mu\nu} F^{\alpha\beta} F_{\alpha\beta:\nu} \\
&= -F^{\mu\alpha} F^{\nu}{}_{\alpha:\nu} - \frac{1}{2} g^{\mu\rho} F^{\nu\sigma} (F_{\rho\sigma:\nu} - F_{\rho\nu:\sigma} - F_{\nu\sigma:\rho}) \\
&= 4\pi F^{\mu\alpha} J_{\alpha},
\end{aligned}$$

上面推导中用到了(23.12)和(29.8). 因此, (29.10)变为

$$v^{\mu}(\rho v^{\nu})_{:\nu} + \rho v^{\nu} v^{\mu}{}_{:\nu} + F^{\mu\alpha} J_{\alpha} = 0 . \tag{29.11}$$

乘以 v_{μ} 并利用(25.2), 我们得

$$(\rho v^{\nu})_{:\nu} = -F^{\mu\alpha} v_{\mu} J_{\alpha} = 0 ,$$

这里用到了条件 $J_\alpha = \sigma v_\alpha$，即 J_α 和 v_α 限制在同一方向. 因此，(29.11)的第一项等于零，剩下的便是(29.9).

上述推导意味着，由作用量原理(29.6)得到的方程不是全部独立的，这有其普遍原因，将在第 30 章中予以说明.

第 30 章 综合作用量原理

第 29 章的方法可以予以推广，应用到引力场与任何其他场（这些场也有相互作用）相互作用时，这时便有一个综合作用量原理

$$\delta(I_g + I') = 0, \tag{30.1}$$

式中 I_g 是前面提到过的引力作用量，I' 是所有其他场的作用量之和，每一种场贡献一项. 采用作用量原理的最大优点，是很容易得到有相互作用的任何场的正确方程. 我们只需求出各有关场的作用量，把它们加在一起，代入(30.1).

我们有

$$I_g = \int \mathcal{L} \, \mathrm{d}^4 x,$$

这里 $\mathcal{L}$ 等于 $(16\pi)^{-1}$ 乘上第 26 章的 $\mathcal{L}$，于是得

$$\delta I_g = \int \left(\frac{\partial \mathcal{L}}{\partial g_{\alpha\beta}} \delta g_{\alpha\beta} + \frac{\partial \mathcal{L}}{\partial g_{\alpha\beta,\nu}} \delta g_{\alpha\beta,\nu} \right) \mathrm{d}^4 x$$

$$= \int \left[\frac{\partial \mathcal{L}}{\partial g_{\alpha\beta}} - \left(\frac{\partial \mathcal{L}}{\partial g_{\alpha\beta,\nu}} \right)_{,\nu} \right] \delta g_{\alpha\beta} \mathrm{d}^4 x.$$

第 26 章(26.11)的推导表明

$$\frac{\partial \mathcal{L}}{\partial g_{\alpha\beta}} - \left(\frac{\partial \mathcal{L}}{\partial g_{\alpha\beta,\nu}} \right)_{,\nu} = -(16\pi)^{-1} \left(R^{\alpha\beta} - \frac{1}{2} g^{\alpha\beta} R \right) \sqrt{} \, . \tag{30.2}$$

令 $\phi_n (n = 1, 2, 3, \cdots)$ 表示其他场量. 假定其中每一个量是张量的一个分量, 但我们这里不去具体说明其精确的张量特性. I' 是标量密度的积分形式:

$$I' = \int \mathcal{L}' \mathrm{d}^4 x .$$

这里 $\mathcal{L}'$ 是 ϕ_n 和 ϕ_n 的一阶导数 $\phi_{n,\mu}$ 的函数, 也可能是 ϕ_n 的更高阶导数的函数.

作用量的变分现在导致了下面形式的结果:

$$\delta(I_g + I') = \int \left(p^{\mu\nu} \delta g_{\mu\nu} + \sum_n \chi^n \delta\phi_n \right) \sqrt{} \, \mathrm{d}^4 x . \tag{30.3}$$

其中, $p^{\mu\nu} = p^{\nu\mu}$, 因为任何包含 δ (场量的导数)的项都可以通过分部积分换成(30.3)中包含的项. 于是, 变分原理(30.1)导出场方程

$$p^{\mu\nu} = 0 , \tag{30.4}$$

$$\chi^n = 0 . \tag{30.5}$$

$p^{\mu\nu}$ 将包括来自 I_g 的项(30.2)加上来自 $\mathcal{L}'$ 的项(比如 $N^{\mu\nu}$). 当然, 我们有 $N^{\mu\nu} = N^{\nu\mu}$. $\mathcal{L}'$ 通常不包含 $g_{\mu\nu}$ 的导数, 因而

$$N^{\mu\nu} = \frac{\partial \mathcal{L}'}{\partial g_{\mu\nu}} . \tag{30.6}$$

方程(30.4)现在变为

$$R^{\mu\nu} - \frac{1}{2} g^{\mu\nu} R - 16\pi N^{\mu\nu} = 0 .$$

这正是爱因斯坦方程(24.6), 其中

$$Y^{\mu\nu} = -2N^{\mu\nu} . \tag{30.7}$$

这里我们看到，每种场如何对爱因斯坦方程右边贡献一项，按(30.6)，这种贡献取决于每种场的作用量包含 $g_{\mu\nu}$ 的方式.

为了一致起见，必须要求 $N^{\mu\nu}$ 具有这样的性质：$N^{\mu\nu}{}_{;\nu}=0$. 这种性质可以很一般地从下述条件得出：在保持界面不变的坐标变换下 I' 是不变量. 我们令坐标作微小改变，例如 $x^{\mu'}=x^{\mu}+b^{\mu}$，其中 b^{μ} 很小，且是 x 的函数，并计算到 b^{μ} 的一级量. $g_{\mu\nu}$ 的变换法则遵守(3.7)，其中用带撇号的附标标明新张量：

$$g_{\mu\nu}(x)=x^{\alpha'}{}_{,\mu}x^{\beta'}{}_{,\nu}g_{\alpha'\beta'}(x')\,. \tag{30.8}$$

令 $\delta g_{\alpha\beta}$ 表示 $g_{\alpha\beta}$ 的一级变分，这个变分不是在指定的场点，而是对该点所指的一定坐标值说的. 所以

$$\begin{aligned}g_{\alpha'\beta'}(x')&=g_{\alpha\beta}(x')+\delta g_{\alpha\beta}\\&=g_{\alpha\beta}(x)+g_{\alpha\beta,\sigma}b^{\sigma}+\delta g_{\alpha\beta}\,.\end{aligned}$$

我们有

$$x^{\alpha'}{}_{,\mu}=(x^{\alpha}+b^{\alpha})_{,\mu}=g^{\alpha}_{\mu}+b^{\alpha}{}_{,\mu}\,,$$

于是(30.8)给出

$$\begin{aligned}g_{\mu\nu}(x)&=(g^{\alpha}_{\mu}+b^{\alpha}{}_{,\mu})(g^{\beta}_{\nu}+b^{\beta}{}_{,\nu})[g_{\alpha\beta}(x)+g_{\alpha\beta,\sigma}b^{\sigma}+\delta g_{\alpha\beta}]\\&=g_{\mu\nu}(x)+g_{\mu\nu,\sigma}b^{\sigma}+\delta g_{\mu\nu}+g_{\mu\beta}b^{\beta}{}_{,\nu}+g_{\alpha\nu}b^{\alpha}{}_{,\mu}\,,\end{aligned}$$

所以

$$\delta g_{\mu\nu}=-g_{\mu\alpha}b^{\alpha}{}_{,\nu}-g_{\nu\alpha}b^{\alpha}{}_{,\mu}-g_{\mu\nu,\sigma}b^{\sigma}\,.$$

现在，当 $g_{\mu\nu}$ 按这种方式改变，而其他场变量在坐标为 $x^{\mu'}$ 的点处的值和它原来在 x^{μ} 处的值相同时，我们来确定 I' 的变分. 如果我们用(30.6)，则 I' 的变分为

$$\delta I' = \int N^{\mu\nu} \delta g_{\mu\nu} \sqrt{} \, \mathrm{d}^4 x$$
$$= \int N^{\mu\nu} (-g_{\mu\alpha} b^\alpha_{\ ,\nu} - g_{\nu\alpha} b^\alpha_{\ ,\mu} - g_{\mu\nu,\sigma} b^\sigma) \sqrt{} \, \mathrm{d}^4 x$$
$$= \int [2(N_\alpha^{\ \nu} \sqrt{})_{,\nu} - g_{\mu\nu,\alpha} N^{\mu\nu} \sqrt{}] b^\alpha \, \mathrm{d}^4 x$$
$$= 2 \int N_{\alpha\ :\nu}^{\ \nu} b^\alpha \sqrt{} \, \mathrm{d}^4 x,$$

上面的推导中用到了(21.4)表示的定理，它对任何对称二指标张量都成立. I' 的不变性要求它在这种变分下对一切 b^α 保持不变，因此 $N_{\alpha\ :\nu}^{\ \nu} = 0$.

由于这个关系式的存在，场方程(30.4)和(30.5)不是全部独立的.

第 31 章　引力场的赝能量张量

定义量 $t_\mu{}^\nu$ 为

$$t_\mu{}^\nu \sqrt{} = \frac{\partial \mathcal{L}}{\partial g_{\alpha\beta,\nu}} g_{\alpha\beta,\mu} - g_\mu^\nu \mathcal{L}, \tag{31.1}$$

于是我们有

$$\left(t_\mu{}^\nu \sqrt{}\right)_{,\nu} = \left(\frac{\partial \mathcal{L}}{\partial g_{\alpha\beta,\nu}}\right)_{,\nu} g_{\alpha\beta,\mu} + \frac{\partial \mathcal{L}}{\partial g_{\alpha\beta,\nu}} g_{\alpha\beta,\mu\nu} - \mathcal{L}_{,\mu}.$$

现在

$$\mathcal{L}_{,\mu} = \frac{\partial \mathcal{L}}{\partial g_{\alpha\beta}} g_{\alpha\beta,\mu} + \frac{\partial \mathcal{L}}{\partial g_{\alpha\beta,\nu}} g_{\alpha\beta,\nu\mu},$$

所以，由(30.2)，

$$\left(t_\mu{}^\nu \sqrt{}\right)_{,\nu} = \left[\left(\frac{\partial \mathcal{L}}{\partial g_{\alpha\beta,\nu}}\right)_{,\nu} - \frac{\partial \mathcal{L}}{\partial g_{\alpha\beta}}\right] g_{\alpha\beta,\mu}$$

$$= (16\pi)^{-1}\left(R^{\alpha\beta} - \frac{1}{2} g^{\alpha\beta} R\right) g_{\alpha\beta,\mu} \sqrt{}.$$

借助场方程(24.6)，我们现在得到

$$\left(t_\mu{}^\nu \sqrt{}\right)_{,\nu} = -\frac{1}{2} Y^{\alpha\beta} g_{\alpha\beta,\mu} \sqrt{},$$

所以，由(21.4)和 $Y_\mu{}^\nu{}_{:\nu} = 0$，我们得到

$$[(t_\mu{}^\nu + Y_\mu{}^\nu)\surd\,]_{,\nu} = 0\ . \tag{31.2}$$

我们在这里得到一条守恒定律，很自然地把守恒密度 $(t_\mu{}^\nu + Y_\mu{}^\nu)\surd$ 当成能量 – 动量密度. 我们已把 $Y_\mu{}^\nu$ 当成引力场以外其他场的能量和动量，所以 $t_\mu{}^\nu$ 是引力场的能量和动量. 可是 $t_\mu{}^\nu$ **不是一个张量**. 定义 $t_\mu{}^\nu$ 的方程(31.1)可以写成

$$t_\mu{}^\nu = \frac{\partial L}{\partial g_{\alpha\beta,\nu}} g_{\alpha\beta,\mu} - g_\mu{}^\nu L\,, \tag{31.3}$$

然而，L 不是一个标量，因为我们必须变换标量 R（最初用它得到引力作用量），以便消去其中的二阶导数. 于是 $t_\mu{}^\nu$ 不可能是一个张量，因而我们将其称为赝张量.

我们不可能得到同时满足下列两个条件的引力场能量表达式：(i)把它加到其他形式的能量上，总能量是守恒的；(ii)在某一时刻、在一确定（三维）区域内的能量与坐标系无关. 因此，一般地说，**引力能不可能是定域的**. 我们只好利用满足条件(i)但不满足条件(ii)的赝能量. 它使我们得到有关引力能的近似知识，这种知识在某些特殊情况下可能是精确的.

我们可以构造积分

$$\int (t_\mu{}^0 + Y_\mu{}^0)\surd\,\mathrm{d}x^1\mathrm{d}x^2\mathrm{d}x^3\,, \tag{31.4}$$

此积分区域遍及在某一时刻包含某一物理系统的大的三维体积，当体积趋于无穷大时，只要(a)积分是收敛的，(b)流过大体积表面的通量趋于零，我们就可以假定此积分给出总能量和总动量. 于是方程(31.2)表明，在某一时刻 $x^0 = a$ 时积分(31.4)的值等于在另一时刻 $x^0 = b$ 时的值，并且该积分必定与坐标系无关，因为不改变 $x^0 = a$ 时的坐标，我们也能改变 $x^0 = b$ 时的坐标. 于是我们就有总能量和总动量守恒的明确表达式.

　　总能量和总动量守恒必需的两个条件(a)和(b)在实际情况下往往不能满足. 如果在一定的四维管状区域外, 空间是静止的, 这两个条件将是满足的. 这种情况是可能的, 假如我们有某些质量于某一时刻开始运动, 此运动产生的扰动就会以光速向外传播. 就通常的行星系统来说, 其运动从无限过去开始将一直进行下去, 这两个条件将不满足. 讨论引力波能量时必须用特殊的处理方法, 这些内容将在第 33 章阐述.

第 32 章　赝张量明显表达式

定义 $t_\mu{}^\nu$ 的公式(31.1)可以写成

$$t_\mu{}^\nu \sqrt{} = \frac{\partial \mathcal{L}}{\partial q_{n,\nu}} q_{n,\mu} - g_\mu^\nu \mathcal{L} , \tag{32.1}$$

式中 $q_n (n=1,2,\cdots,10)$ 为 10 个 $g_{\mu\nu}$，并意味着对所有 n 求和. 我们同样可以把它写成

$$t_\mu{}^\nu \sqrt{} = \frac{\partial \mathcal{L}}{\partial Q_{m,\nu}} Q_{m,\mu} - g_\mu^\nu \mathcal{L} , \tag{32.2}$$

式中 Q_m 为 q_n 的任意 10 个独立函数. 为了证明上式，请注意

$$Q_{m,\sigma} = \frac{\partial Q_m}{\partial q_n} q_{n,\sigma} ,$$

因此

$$\frac{\partial \mathcal{L}}{\partial q_{n,\nu}} = \frac{\partial \mathcal{L}}{\partial Q_{m,\sigma}} \frac{\partial Q_{m,\sigma}}{\partial q_{n,\nu}} = \frac{\partial \mathcal{L}}{\partial Q_{m,\sigma}} \frac{\partial Q_m}{\partial q_n} g_\sigma^\nu = \frac{\partial \mathcal{L}}{\partial Q_{m,\nu}} \frac{\partial Q_m}{\partial q_n} ,$$

于是

$$\frac{\partial \mathcal{L}}{\partial q_{n,\nu}} q_{n,\mu} = \frac{\partial \mathcal{L}}{\partial Q_{m,\nu}} \frac{\partial Q_m}{\partial q_n} q_{n,\mu} = \frac{\partial \mathcal{L}}{\partial Q_{m,\nu}} Q_{m,\mu} .$$

由此证明了(32.1)和(32.2)相等.

为了推出 $t_\mu{}^\nu$ 的明显表达式，用(32.2)来做，并令 Q_m 等于量 $g^{\mu\nu} \sqrt{}$ 是很方便的，

现在可以利用公式(26.7)，引进系数16π，得到

$$16\pi\delta\mathcal{L} = (\Gamma_{\alpha\beta}^{\nu} - g_{\beta}^{\nu}\Gamma_{\alpha\sigma}^{\sigma})\delta(g^{\alpha\beta}\sqrt{\ }\ )_{,\nu} + (若干系数)\delta(g^{\mu\nu}\sqrt{\ }\ ),$$

因此

$$16\pi t_{\mu}^{\nu}\sqrt{\ } = (\Gamma_{\alpha\beta}^{\nu} - g_{\beta}^{\nu}\Gamma_{\alpha\sigma}^{\sigma})(g^{\alpha\beta}\sqrt{\ }\ )_{,\mu} - g_{\mu}^{\nu}\mathcal{L}. \tag{32.3}$$

第33章 引　力　波

我们考虑一个引力场很弱的真空区域，$g_{\mu\nu}$ 近似地为常数. 这时我们有方程(16.4)或

$$g^{\mu\nu}(g_{\mu\nu,\rho\sigma} - g_{\mu\rho,\nu\sigma} - g_{\mu\sigma,\nu\rho} + g_{\rho\sigma,\mu\nu}) = 0 \, . \tag{33.1}$$

我们采用谐和坐标. 条件(22.2)在降低附标 λ 后给出

$$g^{\mu\nu}\left(g_{\rho\mu,\nu} - \frac{1}{2} g_{\mu\nu,\rho}\right) = 0 \, . \tag{33.2}$$

将此方程对 x^σ 微分，并略去二级项，结果为

$$g^{\mu\nu}\left(g_{\mu\rho,\nu\sigma} - \frac{1}{2} g_{\mu\nu,\rho\sigma}\right) = 0 \, . \tag{33.3}$$

交换 ρ 和 σ :

$$g^{\mu\nu}\left(g_{\mu\sigma,\nu\rho} - \frac{1}{2} g_{\mu\nu,\rho\sigma}\right) = 0 \, . \tag{33.4}$$

把(33.1)(33.3)和(33.4)相加后得到

$$g^{\mu\nu} g_{\rho\sigma,\mu\nu} = 0 \, .$$

所以每个 $g_{\rho\sigma}$ 满足达朗贝尔方程，其解是以光速传播的波，这些波被称为引力波.

我们考察这些波的能量. 由于赝张量不是真正的张量, 一般我们得不到与坐标系无关的明显结果, 但只在一种特殊情况下, 我们才能得到明显结果, 即这些引力波沿同一方向运动.

若引力波沿 x^3 方向运动, 我们可以这样选取坐标系, 使得 $g_{\mu\nu}$ 只是 $x^0 - x^3$ 这个变量的函数. 让我们考虑更普遍的情况, 这时 $g_{\mu\nu}$ 全都是单个变量 $l_\sigma x^\sigma$ 的函数, l_σ 是满足 $g^{\rho\sigma} l_\rho l_\sigma = 0$ 的常数, 其中已忽略 $g^{\rho\sigma}$ 的可变部分. 于是, 我们有

$$g_{\mu\nu,\sigma} = u_{\mu\nu} l_\sigma , \tag{33.5}$$

式中 $u_{\mu\nu}$ 是函数 $g_{\mu\nu}$ 对 $l_\sigma x^\sigma$ 的导数. 当然 $u_{\mu\nu} = u_{\nu\mu}$. 由谐和条件(33.2)给出

$$g^{\mu\nu} u_{\mu\rho} l_\nu = \frac{1}{2} g^{\mu\nu} u_{\mu\nu} l_\rho = \frac{1}{2} u l_\rho ,$$

其中 $u = u_\mu^\mu$, 因此我们可以把上式写成

$$u_\rho^\nu l_\nu = \frac{1}{2} u l_\rho \tag{33.6}$$

或

$$\left(u^{\mu\nu} - \frac{1}{2} g^{\mu\nu} u \right) l_\nu = 0 . \tag{33.7}$$

利用(33.5), 我们有

$$\Gamma_{\mu\sigma}^\rho = \frac{1}{2} (u_\mu^\rho l_\sigma + u_\sigma^\rho l_\mu - u_{\mu\sigma} l^\rho) .$$

采用谐和坐标, L 的表达式(26.3)简化为

$$L = -g^{\mu\nu} \Gamma^{\rho}_{\mu\sigma} \Gamma^{\sigma}_{\nu\rho}$$

$$= -\frac{1}{4} g^{\mu\nu} (u^{\rho}_{\mu} l_{\sigma} + u^{\rho}_{\sigma} l_{\mu} - u_{\mu\sigma} l^{\rho})(u^{\sigma}_{\nu} l_{\rho} + u^{\sigma}_{\rho} l_{\nu} - u_{\nu\rho} l^{\sigma}).$$

上式右边在相乘后给出九项，但我们容易看出，因(33.6)和 $l_{\sigma} l^{\sigma} = 0$ ，这九项中的每一项都等于零．于是作用量密度等于零．对电磁场得到相应的结果，当波只沿一个方向运动时，作用量密度也等于零．

我们现在必须计算赝张量(32.3). 我们有

$$g^{\alpha\beta}{}_{,\mu} = -g^{\alpha\rho} g^{\beta\sigma} g_{\rho\sigma,\mu} = -u^{\alpha\beta} l_{\mu},$$

$$\sqrt{}_{,\mu} = \frac{1}{2} \sqrt{} g^{\alpha\beta} g_{\sigma\beta,\mu} = \frac{1}{2} \sqrt{} u l_{\mu}, \tag{33.8}$$

故

$$(g^{\alpha\beta} \sqrt{})_{,\mu} = -\left(u^{\alpha\beta} - \frac{1}{2} g^{\alpha\beta} u \right) \sqrt{} l_{\mu}.$$

因此，由(33.8)和(33.7)，有

$$\Gamma^{\sigma}_{\alpha\sigma} (g^{\alpha\beta} \sqrt{})_{,\mu} = \sqrt{}_{,\alpha} \left(-u^{\alpha\beta} + \frac{1}{2} g^{\alpha\beta} u \right) l_{\mu} = 0.$$

于是剩下

$$16\pi t_{\mu}^{\ \nu} = -\Gamma^{\nu}_{\alpha\beta} \left(u^{\alpha\beta} - \frac{1}{2} g^{\alpha\beta} u \right) l_{\mu}$$

$$= -\frac{1}{2} (u^{\nu}_{\alpha} l_{\beta} + u^{\nu}_{\beta} l_{\alpha} - u_{\alpha\beta} l^{\nu}) \left(u^{\alpha\beta} - \frac{1}{2} g^{\alpha\beta} u \right) l_{\mu} \tag{33.9}$$

$$= \frac{1}{2} \left(u_{\alpha\beta} u^{\alpha\beta} - \frac{1}{2} u^2 \right) l_{\mu} l^{\nu}.$$

结果我们得到 $t_\mu{}^\nu$ 像一个张量. 这表明 $t_\mu{}^\nu$ 像张量一样变换, 只要这些变换保持 "场仅由沿 l_σ 方向运动的波所组成" 的特性, 使得 $g_{\mu\nu}$ 仍然是单个变数 $l_\sigma x^\sigma$ 的函数. 这些变换在于必须引进沿 l_σ 方向运动的坐标波, 这些变换取以下形式:

$$x^{\mu'} = x^\mu + b^\mu,$$

式中 b^μ 只是 $l_\sigma x^\sigma$ 的函数. 在波只沿一个方向运动的限制下, 引力能是定域的.

第 34 章　引力波的偏振

为了理解(33.9)的物理意义，我们回过头来考虑波沿 x^3 方向运动的情况，即 $l_0 = 1$, $l_1 = l_2 = 0$, $l_3 = -1$，并采用近似于狭义相对论的坐标. 这时谐和条件(33.6)给出

$$u_{00} + u_{03} = \frac{1}{2}u,$$
$$u_{10} + u_{13} = 0,$$
$$u_{20} + u_{23} = 0,$$
$$u_{30} + u_{33} = -\frac{1}{2}u.$$

于是

$$u_{00} - u_{33} = u = u_{00} - u_{11} - u_{22} - u_{33},$$

故有

$$u_{11} + u_{22} = 0 . \tag{34.1}$$

又

$$2u_{03} = -(u_{00} + u_{33}),$$

我们现在得到

$$u_{\alpha\beta}u^{\alpha\beta} - \frac{1}{2}u^2 = u_{00}{}^2 + u_{11}{}^2 + u_{22}{}^2 + u_{33}{}^2 - 2u_{01}{}^2 - 2u_{02}{}^2 - 2u_{03}{}^2 +$$
$$2u_{12}{}^2 + 2u_{23}{}^2 + 2u_{31}{}^2 - \frac{1}{2}(u_{00} - u_{33})^2$$
$$= u_{11}{}^2 + u_{22}{}^2 + 2u_{12}{}^2$$
$$= \frac{1}{2}(u_{11} - u_{22})^2 + 2u_{12}{}^2,$$

上面推导中用到(34.1). 于是有

$$16\pi t_0{}^0 = \frac{1}{4}(u_{11} - u_{22})^2 + u_{12}{}^2 \tag{34.2}$$

和

$$t_0{}^3 = t_0{}^0.$$

我们看到，能量密度是正定的，能量以光速沿 x^3 方向流动.

为了讨论引力波的偏振，我们引入平面 $x^1 x^2$ 内的无穷小转动算符 R. 把 R 作用于任意矢量 A_1 和 A_2 上，得到

$$RA_1 = A_2, \quad RA_2 = -A_1.$$

于是

$$R^2 A_1 = -A_1,$$

所以 iR 作用于一矢量时，具有本征值 ± 1.

R 作用于 $u_{\alpha\beta}$，有下列结果：

$$Ru_{11} = u_{21} + u_{12} = 2u_{12},$$
$$Ru_{12} = u_{22} - u_{11},$$
$$Ru_{22} = -u_{12} - u_{21} = -2u_{12}.$$

所以得

$$R(u_{11} + u_{22}) = 0$$

和

$$R(u_{11} - u_{22}) = 4u_{12}$$
$$R^2(u_{11} - u_{22}) = -4(u_{11} - u_{22}).$$

于是 $u_{11} + u_{22}$ 为不变量，而 iR 作用于 $u_{11} - u_{22}$ 或 u_{12} 时，其本征值为 ± 2，因而对能量(34.2)有贡献的 $u_{\alpha\beta}$ 的分量对应于自旋 2.

第 35 章 宇 宙 项

爱因斯坦曾考虑过把真空场方程推广为

$$R_{\mu\nu} = \lambda g_{\mu\nu}, \tag{35.1}$$

式中 λ 为一常数. 这是一个张量方程, 所以允许把它当成自然界的规律.

没有这一项时, 爱因斯坦理论的计算结果和我们对太阳系的观测结果是非常一致的, 因此, 假如我们引进这一项, 就必须使 λ 非常小, 不足以影响上述一致性. 因为 $R_{\mu\nu}$ 包含 $g_{\mu\nu}$ 的二阶导数, 所以 λ 必须具有量纲（距离）$^{-2}$. 为了使 λ 很小, 距离必须非常之大. 它是一个宇宙距离, 数量级为宇宙半径.

对宇宙学来说, 这个附加项是很重要的, 但对研究近距离物体的物理学来说, 它的作用可以忽略不计. 要在场论中考虑这一项, 我们只需要在拉格朗日函数中加入一项, 即

$$I_c = c \int \sqrt{} \, \mathrm{d}^4 x,$$

式中 c 为一适当常数.

由(26.10), 我们有

$$\delta I_c = c \int \frac{1}{2} g^{\mu\nu} \delta g_{\mu\nu} \sqrt{} \, \mathrm{d}^4 x.$$

于是作用量原理

$$\delta(I_g + I_c) = 0$$

给出

$$16\pi\left(R^{\mu\nu} - \frac{1}{2}g^{\mu\nu}R\right) + \frac{1}{2}cg^{\mu\nu} = 0 . \tag{35.2}$$

方程(35.1)给出

$$R = 4\lambda ,$$

因此

$$R_{\mu\nu} - \frac{1}{2}g_{\mu\nu}R = -\lambda g_{\mu\nu} .$$

只要我们令

$$c = 32\pi\lambda ,$$

上式即与(35.2)一致.

　　对于与其他场相互作用的引力场，我们只需要在作用量内加入 I_c 项，就能得到有爱因斯坦宇宙项的修正场方程.